梁晓声人生感悟

——我最初的故乡是书籍

梁晓声 著

人民出版社

梁晓声近照　沙漠旅行留影

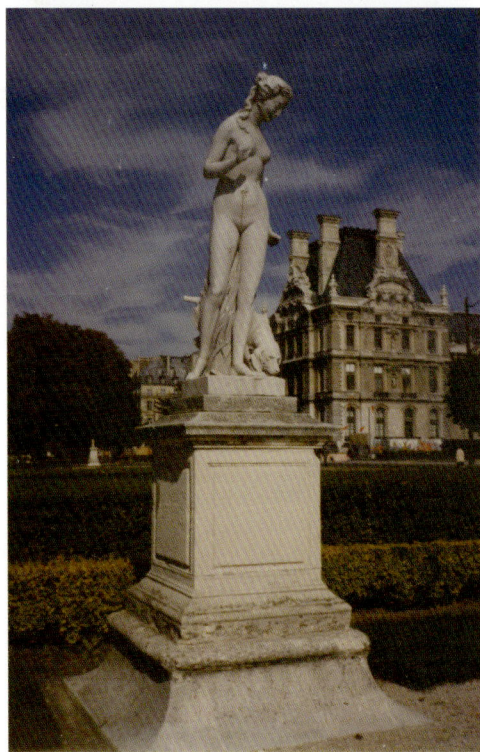

梁晓声摄影作品欣赏

"写他者"与写自己　　梁晓声

我一向认为，一个以写作为生涯的人，他的笔主要是用来写"他者"的——写形形色色之的"他者"给更多的读者看。故他的眼，须经常瞬注所谓芸芸众生的命运。自己与芸芸众生命运相同时应该这样；自己"命达"时亦况如此；甚至，尤况如此。若自己有着此芸芸众生还叹苦悲苦的命运，写自己者其也是为了以己为镜，替芸芸众生映出社会的问题所在。因为，若那社会问题不被揭示，不被进一步改变，则自己曾经的命运，或也将成为芸芸芸中某些"他者"的命运。

在与我的学生们谈到一个写作者所秉持的写作思想时，我也一向是强调以上写作意义的。

我自己不曾怎样的"命达"过；但是，其实

也并没什么艰辛悲苦可言。某时自己觉得某事当
如可以证明自己有的，过后再次将目光瞟准人
生，便觉不值一提了。

　　然而我竟也写了一些"我的小学"之类的回
忆性文章——并写它们，特别是关于父母的文章，
初衷并不是为了发表；不是为了给人看；主要是为
了通过写来了却自己的心结。好比宗教徒的告解，
那么做了，自己情感上觉得安生了点。后来这一类文章
结成集，我也从不在意印数的，几乎完全不想别人
的看与不看，只欣慰于自己的情感归了一种有形
方式的保存而已。

　　所以，将此类文字再度辑成书，并需我自己
写序，我真的是没多少另外的话可说的。

　　但我对自己另一类文章的看法却不同——比
如《论大学》等。

　　我写这一类文章，目的确实是给别人看的。
即使思想肤浅，毕竟认真思过想过。我希望

我的那些文章引起别人共鸣。即使相反，我也还是认为值得一写——因为符合我自己对写作这件事的要求——为社会而写；为青年而写；为某些较公共的话题而写。

前几年，那些文章收在我的某一本书中。那些书只不过出版了，相当长的时期内并不引起关注。后来，书中的某些文章开始被转载。近两年，各出版社纷纷重新将那些文章编辑成书——据他们说，市场有一定需求。

这反而使我困惑，进而不安。因为我的那大多数文章，委实算不上好文章，只不过是某些肤浅的思想与一般性的回忆的组合罢了。

故我不论对于出版社还是读者，最想说的只能是——谢了！

多谢你们这么多年来，始终厚爱于我这个不甚争气的并且已老了的写作者。

2015年1月30日
北京

目　录　CONTENTS

梁晓声人生感悟

品味读书

潇潇秋雨后，渐渐天愈凉。

我知道，那也许是今年最后的一场秋雨。傍晚时分，急骤的雨点儿如一群群黄蜂，齐心协力扑向我那刚擦过的家窗。那么仓皇，似乎有万千鸟儿蔽天追啄，于是错将我家当成安全的所在，欲破窗而入躲躲藏藏。又似乎集体怀着某种愠怒，仿佛我曾做过什么对不起它们的事，要进行报复。起码，弄湿我的写字桌，以及桌上的书和纸……

梁晓声书房一隅

读书会让寂寞变成享受

寂寞是由于想做事而无事可做，想说话而无人与说，想改变自身所处的这一种境况而又改变不了。是的，以上基本就是寂寞的定义了。

寂寞是对人性的缓慢的破坏。寂寞相对于人的心灵，好比锈相对于某些容易生锈的金属。

但不是所有的金属都那么容易生锈。金子就根本不生锈。不锈钢的拒腐蚀性也很强。而铁和铜，我们都知道，它们极容易生锈，像体质弱的人极容易伤风感冒。

某次和大学生们对话时，被问："阅读的习惯对人究竟有什么好处？"

我回答了几条，最后一条是："可以使人具有特别长期地抵抗寂寞的能力。"

他们笑。我看出他们皆不以为然。他们的表情告诉了我他们的想法：我们需要具备这一种能力干什么呢？

是啊，他们都那么年轻，大学又是成千上万的青年学子云集的地方，一间寝室住六名同学，寂寞沾不上他们的边啊！但我同时看出，其实他们中某些人内心深处别提有多寂寞。

而大学给我的印象正是一个寂寞的地方。大学的寂寞包藏在许多学子追逐时尚和娱乐的现象之下。所以他们渴望听老师以外的人和他们说话，不管那样的一个人是干什么的，哪怕是一名犯人在当众忏悔。似乎，越是和他们的专业无关的话题，他们参与的热忱度越高。因为正是在那样的时候，他们内心深处的寂寞获得了适量地释放一下的机会。

故我以为，寂寞还有更深层的定义，那就是——从早到晚所做之事，并非自己最有兴趣的事；从早到晚总在说些什么，但没几句是自己最想说的话。即使改变了这一种境况，另一种新的境况也还是如此，自己又比任何别人更清楚这一点。

这是人在人群中的一种寂寞。

这是人置身于种种热闹中的一种寂寞。

这是另类的寂寞，现代的寂寞。

如果这样的一个人，心灵中再连值得回忆一下的往事都没有，头脑中再连值得梳理一下的思想都没有，那么他或她的人性，很快就会从外表锈到中间。

无论是表层的寂寞，还是深层的寂寞，要抵抗住它对人心的伤害，那都是需要一种人性的大能力的。

我的父亲虽然只不过是一名普通的建筑工人，但在"文革"中，也遭到了流放式的对待。仅仅因为他这个十四岁就闯关东的人，在哈尔滨学会了几句日语和俄语，便被怀疑是日俄双料潜伏特务。差不多有七八年的时间，他独自一人被发配到四川的深山里为工人食堂种菜。他一人开了一大片荒地，一年到头不停地种，不停地收。隔两三个月有车进入深山给他送一次粮食和盐，并拉走菜。

他靠什么排遣寂寞呢？

近五十岁的男人了，我的父亲，他竟学起了织毛衣。没有第二个人，没有电，连猫狗也没有，更没有任何可读物。有，对于他也是白有，因为他几乎是文盲。他劈竹子自己磨制了几根织针。七八年里，将他带上山的新的旧的劳保手套一双双拆绕成线团，为我们几个他的儿女织袜子、织线背心。

这一种从前的女人才有的技能，他一直保持到逝世那一年。织，成了他的习惯。那一年，他七十七岁。

劳动者为了不使自己的心灵变成容易生锈的铁或铜，也只有被逼出了那么一种能力。

而知识分子，我以为，正因为所感受到的寂寞往往是更深层的，所以需要有更强的抵抗寂寞的能力。

这一种能力，除了靠阅读来培养，目前我还想不出别种办法。

胡风先生在所有当年的"右派"中被囚禁的时间最长——三十余年。他的心经受过双重的寂寞的伤害。胡风先生逝世后，我曾见过他的夫人一面，惴惴地问："先生靠什么抵抗住了那么漫长的与世隔绝的寂寞？"

她说："还能靠什么呢？靠回忆，靠思想。否则他的精神早崩溃了，他毕竟不是什么特殊材料的人啊！"

但我心中暗想，胡风先生其实太够得上是特殊材料的人了啊！

幸亏他是大知识分子，故有值得一再回忆之事，有值得一再梳理之思想。若换了我的父亲，仅仅靠拆了劳保手套织东西，肯定是要在漫长的寂寞伤害之下疯了吧？

知识给予知识分子最宝贵的能力是思想的能力。因为靠了思想的能力，无论被置于何种孤单的境地，人都不会丧失最后一个交谈伙伴，而那正是他自己。自己与自己交谈，哪怕仅仅做这一件在别人看来什么也没做的事，那也足以抵抗很漫长的寂寞。如果居然还侥幸有笔，有足够的纸，孤独和可怕的寂寞也许还会开出意外的花朵。《绞刑架下的报告》、《可爱的中国》、《堂·吉诃德》的某些章节、欧·亨利的某些经典短篇，便是在牢房里开出的思想的或文学的花朵。

思想使回忆成为知识分子的驼峰。而最强大的寂寞，还不是想做什么事而无事可做，想说话而无人与说，而是想回忆而没有什么值得回忆的，是想思想而早已丧失了思想的习惯。这时人就自己赶走了最后一个陪伴他的人，他一生最忠诚的朋友——他自己。

谁都不要错误地认为孤独和寂寞这两件事永远不会找到自己头上。现代社会的真相告诫我们，那两件事迟早会袭击我们。

人啊，为了使自己具有抵抗寂寞的能力，读书吧！

人啊，一旦具备了这一种能力，某些正常情况下，孤独和寂寞还会由自己调节为享受着的时光呢！

读书与人生

  谈到读书，我希望孩子们从小多读一些娱乐性的、快乐的、好玩的、富有想象力的书，不应该让孩子们看卡通时仅仅觉着好玩。儿童卡通书一定要有想象力。西方儿童读物最具有想象的魅力，但是这种想象的魅力并不是孩子们在阅读时自然而然地就会感觉到的，一定要有成年人在和他们共同讨论中来点拨一下。

  未来中国人和西方人的一个区别恐怕就在想象力上，科技的成果就和想象力有关。我们孩子的想象力是低于西方某些发达国家的，而且不只是孩子们的想象力，我们文艺创作者的想象力也是低于西方人的。如果人家在想象力方面的智商是"十"，那么我们的想象力恐怕只有"三"或"四"，这是由于整个科技的成果决定了想象力。

  我希望青年们读一点历史书籍，不一定从源头开始读起，但至少要把近现代史读一读，至少要"了解"一些。这个了解非常重要！我刚调到大学时曾经想在第一学期不给学生讲中文课，也不讲创作和欣赏，只讲从二十世纪五十年代到九十年代中国人的生活状况，怎样过日子，怎样生活。当年一个学徒工中专毕业之后分到工厂里，一个月十八元的工资仅相当于今天的两美元多一点，三年之后才涨到二十四元。结婚时，他们的房子怎么样？当年的幸福概念是什么？

  我在那个年代非常盼望长大，我的幸福概念说来极为可笑。当时我们家住的房子本来已经非常破旧，是哈尔滨市大杂院里边窗子已经沉下去的那种旧式苏联房，屋顶也是沉下去的。但是一对年轻人就在那个院子里结婚了，他们接着我家的山墙边上盖起了只有十几平米的小房子，北方叫做偏厦子，就是一面坡的房顶，自己脱坯做点砖，抹一点黄泥。那个年代还找不到水泥，水泥是紧缺物资，想看都看不到。用黄泥抹一抹窗台，找一点石灰来刷白了四壁就可以了。然后男人要用攒了很长时间的木板自己动手打一张小双人床和一张桌子。没有电视，也买不起收音机。那时的男人们都是能工巧匠，自己居然能组装出一台收音机，而且自己做收音机壳子。我们家里没有收音机，我就跑到他们家里，坐在门槛上听那个自己组装、自己做壳子的收音机里播放的歌曲和相声。丈夫一边听着一边吸着卷烟，妻子靠在丈夫的怀里织着毛活，那个年代要搞到一点毛线也是不容易的。

那就给我造成一种幸福的感觉，我想自己什么时候长到和这个男人一样的年龄，然后娶一个媳妇，有这样一个小屋子，等等。今天对年轻人讲这些，不是说我们的幸福就应该是那样的，而是希望他们知道这个国家是从什么样的起点上发展起来的，至少要了解自己的父兄辈是怎样过来的。应该让他们知道能够走进大学的校门，父母付出了很多。现在年轻人所谓的人生意义，就是怎么使我活得更快乐，很少有孩子想过，爸妈的人生要义是什么？如果许多父母都仅仅考虑自己人生的意义、人生的得失，那么可能就没有今天许多坐在大学里的孩子，或者这些孩子根本就不可能坐在大学里。我们的孩子如果连这一点也不懂的话，那是令人遗憾的，所以要读一点历史。

中年人要读一点诗呀、散文呀，因为我们要理解这样的事情，就是孩子们今天活得也不容易，竞争如此激烈。我们总让他们读一些课本以外的书，但如果一个孩子在上学的过程中读了太多课外书，他可能就在求学这条路上失策了，能进入大学校门绝对证明你没读什么课本以外的书。孩子们的全部头脑现在仅仅启动了一点，就是记忆的头脑、应试的头脑，对此，要理解他们，不能求全责备，他们现在是以极为功利的方式来读书，因为只能那样。但对于中年人，从前"四十而不惑"，我已到"知天命"之年，应该读一点性情读物。我不喜欢看所谓王朝影视，因为有太多的权谋，我从来不看权谋类的书。

我建议，首先女人们不看这类书，男人们也可以不看。我们的人生真得时时刻刻与权谋有那么紧密的关系吗？到六十岁的时候，哪怕你就是权谋场上的人，也可以不看了吧！可以看一些性情读物，想读什么就读什么，而且要看那种淡泊名利的。你能留给自己的人生还有多少时光呢？建议老年人要看一些青少年的读物，了解青少年在看什么书，用他们的书来跟他们交谈。老同志不妨读一点儿童读物，也要看一点卡通，同时要回忆自己孩提时读过哪些书。格林兄弟的、安徒生的童话中是不是还有值得讲给今天孩子们听听的。我感觉下一代在成长过程中是特别孤独的，他们很寂寞。

父母在很大程度上不可能成为儿童成长过程中的玩伴，他们工作非常紧张。孩子到了幼儿园，老师和阿姨们如何管理呢？第一听话，第二老实。然后呢，最多讲讲有礼貌、讲卫生、唱点儿歌，如此而已。所以孩子们在幼儿园这个学龄前阶段是拘谨的，孩子在一起玩也是不放松的。在孩子们成长过程中，如果家庭环境是上有哥哥下有弟妹，并能够和街坊四邻的孩子一起任性地玩耍，那是最符合孩子天性的。

现在的孩子非常孤单，非常寂寞。孩子身上有总体的幽闭和内向的倾向。爷爷、奶奶读书之后和他们做隔代的交流、做隔代的朋友，而孩子读书时不和他们交流，书就会白读。有些书的内容、书的智慧一定是在交流过程中才产生出来的。

读是一种幸福

读书，不，更准确地说，所谓读这一种习惯，对我已不啻是一种幸福。这幸福就在日子里，在每一天的宁静的时光里。不消说，人拥有宁静的时光，这本身便是幸福，而宁静的时光因阅读会显得尤其美好。

我的宁静之享受，常在临睡前，或在旅途中。每天上床之后，枕旁无书，我便睡不着，肯定失眠。外出远足，什么都可能忘带，但书是不会忘带的。书是一个囊括一切的大概念。我最经常看的是人物传记、散文、随笔、杂文、文言小说之类。《读书》、《随笔》、《读者》、《人物》、《世界博览》、《奥秘》都是我喜欢的刊物，是我的人生之友。前不久，友人开始寄给我《世界警察》，看了几期，也喜爱起来。还有就是目前各大报的"星期刊"、"周末版"或副刊。

要了解我所生活的城市，大而至于我们这个国家，我们这个地球，每天正发生着什么事，将要发生什么事，仅凭晚上看电视里的"新闻"，自然是远远不够的。"秀才不出门，便知天下事"，是所谓"秀才"聊以自慰自夸的话。或者是别人们对"秀才"们的揶揄。不过在现代社会里，传播媒介如此之丰富，如此之发达，对于当代人来说，不出门而大致地知道一些"天下事"，也是做得到的。

知道了又怎样？

知道了会丰富我对世界的认识。而这种认识，于我——一个以写作为职业的人来说，则是相当重要的。妄谈对世界的认识，似乎口气太大了，那么就说对周遭生活的认识吧。正是通过阅读，我感觉到周遭生活之波有时汹涌澎湃，有时潜流涡旋，有时微波涌荡……

当然，这只是阅读带给我的一方面的兴致。另一方面，通过阅读，我认识了许许多多的人。仿佛每天都有新朋友。我敬佩他们，甘愿以他们为人生的榜样。同时也仿佛看清了许多"敌人"，人类的一切公敌——从人类自身派生出来的到自然环境中对人类起恶影响的事物，我都视为敌人。这一点使我经常感到，爱憎分明于一个人是多么重要的品质。

创作之余，笔滞之时，我会认真地读一会儿文学期刊。若读的正是一篇佳作，便会一口气读完。不管作者认识与否，都会产生读了一篇佳作的满足感。倘是作家朋友们写的，是生活在同一座城市的人，又常忍不住拨电话，将自己读后的满足，传达给对方。这与其说是分享对方的喜悦，莫如说是希望对方分享我的喜悦。倘作者是外地的，还常会忍不住给人家写一封信去。

读，实在是一种幸福。

最后我想说，与我的初中时代相比，现在的初中生，似乎太被学业所压迫了。我的初中时代，是苦于无书可读。买书是买不大起的，尽管那时书价比现在便宜得多。几个同学凑了七八分钱，到小人书铺去看小人书，就是永远值得回忆的往事了。现在的初中生们，可看的太多了，却又陷入选择的迷惘，并且失去了本该拥有的时间。

生活也真是太苛刻了……

读的烙印

自幼喜读，因某些书中的人或事，记住了那些书名。甚至还会终生记住它们的作者。然而也有这种情况，书名和作者是彻底地忘记了，无论怎么想也想不起来了。但书中人或事，却长久地印在头脑中了。仿佛头脑是简，书中人或事是刻在大脑这种简上的。仿佛即使我死了，肉体完全地腐烂掉了，物质的大脑混入泥土了，依然会有什么异乎寻常的东西存在于泥土中，雨水一冲，便会显现出来似的。又仿佛，即使我的尸体按照现今常规的方式火化掉，在我的颅骨的白森森的骸片上，定有类似几行文字的深深的刻痕清晰可见。告诉别人在我这个死者的大脑中，确乎地曾至死还保留过某种难以被岁月铲平的、与记忆有关的密码……

其实呢，那些自书中复拷入大脑的人和事，并不多么地惊心动魄，也根本没有什么曲折的因而特别引人入胜的情节。它们简单得像小学课文一样，普通得像自来水。并且，都是我少年时的记忆。

这记忆啊，它怎么一直纠缠不休呢？怎么像初恋似的难忘呢？我曾企图思考出一种能自己对自己说得通的解释。然而我的思考从未有过使自己满意的结果。正如初恋之始终是理性分析不清的。所以呢，我想，还是让我用我的文字将它们写出来吧！

我更愿我火化后的颅骨的骸片像白陶皿的碎片一样，而不愿它有使人觉得奇怪的痕迹……

——题记

一

在乡村的医院里，有一位父亲要死了。但他顽强地坚持着不死，其坚持好比夕阳之不甘坠落。在自然界它体现在一小时内，相对于那位父亲，它将延长至十余小时。生命在那一种情况下执拗又脆弱。护士明白这一点，医生更明白这一点。

那位父亲死不瞑目的原因不是由于身后的财产。他是果农，除了自家屋后院子里刚刚结了青果的几十棵果树，他再无任何财产。除了他的儿子，他在这个世界上也再无任何亲人。他坚持着不死是希望临死前再见一眼他的儿子。他也没什么重要之事叮嘱他的儿子。他只不过就是希望临死前再见一眼他的儿子，再握一握儿子的手……

事实上，他当时已不能说出话来。他一会儿清醒，一会儿昏迷。两阵昏迷之间的清醒时刻越来越短……

但他的儿子远在俄亥俄州。

医院已经替他发出了电报——打长途电话未寻找到那儿子。电报就一定会及时送达那儿子的手中吗？即使及时送达了，估计他也只能买到第二天的机票了。下了飞机后，他要再乘四个多小时的长途汽车才能来到他父亲身旁……

而他的父亲真的竟能坚持那么久吗？濒死的生命坚持不死的现象，令人肃然也令人怜悯，而且，那么地令人无奈……

夕阳是终于放弃它的坚持了，坠落不见了。

令人联想到晏殊的诗句："一向年光有限身"，"夕阳西下几时回"？

但是那位父亲仍在顽强地与死亡对峙着。那一种对峙注定了绝无获胜的机会。因而没有本能以外的任何意义……

黄昏的余晖映入病房，像橘色的纱，罩在病床上，罩在那位父亲的身上，脸上……

病房里静悄悄的。

最适合人咽下最后一口气的那种寂静……

那位父亲只剩下几口气了。他喉间呼呼作喘，胸脯高起深伏，极其舍不得地运用他的每一口气。因为每一口气对他都是无比宝贵的。呼吸已仅仅是呼出着生命之气，那是看了令人非常难过的"节省"。

分明地，他已处在弥留之际。他闭着眼睛，徒劳地做最后的坚持。他看上去昏迷着，实则特别清醒。那清醒是生命在大脑领域的回光返照。

门轻轻地开了。

有人走入了病房。脚步声一直走到了他的病床边。

那是他在绝望中一直不肯稍微放松的企盼。

除了儿子，还会是谁呢？

这时脆弱的生命做出了奇迹般的反应——他突然伸出一只手向床边抓去。而且，那么地巧，他抓住了中年男医生的手……

"儿子！……"他竟说出了话，那是他留在人世的最后一句话。

一滴老泪从他眼角挤了出来……

他已无力睁开双眼最后看他的"儿子"一眼了……

他的手将医生的手抓得那么紧，那么紧……

年轻的女护士是和医生一道进入病房的。濒死者始料不及的反应使她愣住了。而她自己紧接着做出的反应是——跨上前一步，打算拨开濒死者的手，使医生的手获得"解放"。

但医生以目光及时制止了她。医生缓缓俯下身，在那位父亲的额上吻了一下。接着又将嘴凑向那位父亲的耳，低声说："亲爱的父亲，是的，是我，您的儿子。"

医生直起腰，又以目光示意护士替他搬过去一把椅子。

在年轻女护士的注视之下，医生坐在椅子上了。那样，濒死者的手和医生的手，就可以放在床边了。医生将自己的另一只手，轻轻捂在当他是"儿子"的那位父亲的手上。

他示意护士离去。

三十九年后，当护士回忆这件事时，她写的一段话是："我觉得我不是走出病房的，而是像空气一样飘出去的，惟恐哪怕是最轻微的脚步声，也会使那位临死的老人突然睁开双眼。我觉得仿佛是上帝将我的身体托离了地面……"

至今这段话仍印在我的颅骨里面，像释迦牟尼入禅的身影印在山洞的石壁上。

夜晚从病房里收回了黄昏橘色的余晖。

年轻的女护士从病房外望见医生的坐姿那么地端正，一动不动。

她知道，那一天是医生结婚十周年纪念日。他亲爱的妻子正等待着他回家共同庆贺一番。

黎明了——医生还坐在病床边……

旭日的阳光普照入病房了——医生仍坐在病床边……

因为他觉得握住他手的那只手，并没变冷变硬……

到了下午，那只手才变冷变硬。

而医生几乎坐了二十个小时……

他的手臂早已麻木了，他的双腿早已僵了，他已不能从椅子上站起来了，是被别人搀扶起来的……

院长感动地说："我认为你是最虔诚的基督徒。"

而医生平淡地回答："我不是基督徒，不是上帝要求我的，是我自己要求我的。"

三十几年以后，当年那位年轻的护士变成了一位老护士，在她退休那一天，人们用"天使般的心"赞美她那颗充满着爱的护士的心时，她讲了以上一件使她终身难忘的事……

最后她也以平淡的语调说："我也不是基督徒。有时我们自己的心要求我们做的，比上帝用他的信条要求我们做的更情愿。仁爱是人间的事而我们有幸是人。所以我们比上帝更需要仁爱，也应比上帝更肯给予。"

没有掌声。

因为人们都在思考她讲的事，和她说的话，忘了鼓掌……

二

此事发生在国外一座大城市的一家小首饰店里。

冬季的傍晚，店外雪花飘舞。

三名售货员都是女性。确切地说，是三位年轻的姑娘。其中最年轻的一位才十八九岁。

已经到可以下班的时间了，另外两位姑娘与最年轻的姑娘打过招呼后，一起离开了小店。

现在，小首饰店里，只有最年轻的那位姑娘一人了。

正是西方诸国经济大萧条的灰色时代。失业的人比以往任何一年都多。到处可见忧郁沮丧的面孔。银行门可罗雀，超市冷清。领取救济金的人们却从夜里就开始排队了。不管哪里，只要一贴出招聘广告，即使仅招聘一人，也会形成聚众不散的局面。

姑娘是在几天前获得这一份工作的。她感到无比的幸运，甚至可以说感到幸福，虽然工资是那么的低微。她轻轻哼着歌，不时望一眼墙上的钟。再过半小时，店主就会来的。她向店主汇报了一天的营业情况，也可以下班了。

姑娘很勤快，不想无所事事地等着。于是她扫地，擦柜台。这不见得会受到店主的夸奖，她也不指望受到夸奖。她勤快是由于她心情好，心情好是由于感到幸运和幸福。

忽然，门吱呀一声开了，迈进来一个中年男人。

他一肩雪花。头上没戴帽子。雪花在他头上形成了一顶白帽子。

姑娘立刻热情地说："先生您好！"

男人点了一下头。

姑娘犹豫刹那，掏出手绢，替他抚去头上的、肩上的雪花。接着她走到柜台后边，准备为这一位顾客服务。其实她可以对她说："先生，已过下班时间了，请明天来吧。"但她没这么说。

经济萧条的时代，光临首饰店的人太少了，生意惨淡。她希望能替老板多卖出一件首饰。虽然才上了几天班，她却养成了一种职业习惯，那就是判断一个人的身份，估计顾客可能对什么价格的首饰感兴趣。

她发现男人竖起着的大衣领的领边磨损得已暴露出呢纹了。而且，她看出那件大衣是一件过时货。当然，她也看出那男人的脸刚刮过，两颊泛青。

他的表情多么的阴沉啊！他企图靠斯文的举止掩饰他糟糕的心境。然而他分明不是现实生活中的好演员。

姑娘判断他是一个钱夹里没有多少钱的人。于是她引他凑向陈列着廉价首饰的柜台，向他一一介绍价格，可配怎样的衣着。

而他似乎对那些首饰不屑一顾。他转向了陈列着价格较贵的首饰的柜台，要求姑娘不停地拿给他看。有一会儿他同时比较着两件首饰，仿佛就会做出最后的选择。他几乎将那一柜台里的首饰全看遍了，却说一件都不买了。

姑娘自然是很失望的。

男人斯文而又抱歉地说："小姐，麻烦了您这么半天，实在对不起。"

姑娘微笑着说："先生，没什么。有机会为您服务我是很高兴的。"

当那男人转身向外走时，姑娘漫不经心地瞥了一眼柜台。漫不经心的一瞥使她顿时大惊失色——价格最贵的一枚戒指不见了！

那是一家小首饰店，当然也不可能有贵到价值几千、几万的戒指。然而姑娘还是呆住了，仿佛被冻僵了一样。那一时刻她脸色苍白。心跳似乎停止了，血液也似乎不流通了……

而男人已经推开了店门，一只脚已迈到了门外……

"先生！……"姑娘听出了她自己的声音有多么颤抖。

男人的另一只脚，就没向门外迈。男人也仿佛被冻僵在那儿了。

姑娘又说："先生，我能请求您先别离开吗？"

男人已迈出店门的脚竟收回来了。他缓缓地，缓缓地转过了身……

他低声说："小姐，我还有很急迫的事等着我去办。"他随时准备扬长而去……

姑娘绕出柜台，走到门口，有意无意地将他挡在了门口……

男人的目光冷森起来……

姑娘说："先生，我只请求您听我几句话……"

男人点了点头。

姑娘说："先生，您也许会知道我找到这一份工作有多么的不容易！我的父亲失业了，我的哥哥也失业了。因为家里没钱养两个大男人，我的母亲带着我生病的弟弟回乡下去了。我的工资虽然低微，但我的父亲我的哥哥和我自己，正是靠了我的工资才每天能吃上几小块面包。如果我失去了这份工作，那么我们完了，除非我做妓女……"姑娘说的每一句话都是实话。

姑娘说不下去了，流泪了，无声地哭了……

男人低声说："小姐，我不明白您的话。"

姑娘又说："先生，刚才给您看过的一枚戒指现在不见了。如果找不到它，我不但将失去工作，还肯定会被传到法院去的。而如果我不能向法官解释明白，我不是要坐牢的吗？先生，我现在绝望极了，害怕极了。我请求您帮着我找！我相信在您的帮助之下，我才会找到它……"姑娘说的每一句话都是由衷的话。

男人的目光不再冷森。他犹豫片刻，又点了点头。于是他从门口退开，帮着姑娘找。两个人分头这儿找那儿找，没找到。

男人说："小姐，我真的不能再帮您找了，我必须离开了。小姐您瞧，柜台前的这道地板缝多宽呀！我敢断定那枚戒指一定是掉在地板缝里了。您独自再找找吧！听我的话，千万不要失去信心……"

男人一说完就冲出门外去了……

姑娘愣了一会儿，走到地板缝前俯身细瞧：戒指卡在地板缝间，而男人走前蹲在那儿系过鞋带……

第二天，人们相互传告：夜里有一名中年男子抢银行未遂……

几天后，当罪犯被押往监狱时，他的目光在道边围观的人群中望见了那姑娘……

她走上前对他说："先生，我要告诉您我找到那枚戒指了。因而我是多么的感激您啊！……"并且，她送给了罪犯一个小面包圈儿。

她又说："我只能送得起这么小的一个小面包圈儿。"

罪犯流泪了。

当囚车继续向前行驶，姑娘追随着囚车，真诚地说："先生，听我的话，千万不要失去信心！……"那是他对姑娘说过的话。

他——罪犯，点了点头……

三

这是秋季的一个雨夜。雨时大时小。从天黑下来后一直未停。想必整夜不会停的了。

在城市某一个区的消防队值班室里，一名年老的消防队员和一名年轻的消防队员正下棋。棋盘旁边是电话机，还有二人各自的咖啡杯。

他们的值班任务是：有火灾报警电话打来，立即拉响报警器。

年老的消防队员再过些日子就要退休了，年轻的消防队员才参加工作没多久。这是他们第一次共同值班。

老消防队员举起一枚棋子犹豫不决之际，电话铃骤响……

年轻的消防队员反应迅速地一把抓起了电话……

"救救我……我的头磕在壁炉角上了，流着很多血……我快死了，救救我……"话筒那端传来的是一位老女人微弱的声音，那是一台扩音电话。

年轻的消防队员愣了愣，爱莫能助地回答："可是夫人，您不该拨这个电话号码，这里是消防队值班室……"

话筒那一端却再也没有任何声音传来。

年轻的消防队员一脸不安，缓缓地，缓缓地放下了电话。

他们的目光刚一重新落在棋盘上，便不约而同地又望向电话机了。

接着他们的目光注视在一起了……

老消防队员说："如果我没听错，她告诉我们她流着很多血……"

年轻的消防队员点了一下头："是的。"

"她还告诉我们，她快死了，是吗？"

"是的。"

"她在向我们求救。"

"是的。"

"可我们……在下棋……"

"不……我怎么还会有心思下棋呢？"

"我们总该做点儿什么应该做的事对不对？"

"对……可我，真的不知道该做什么……"

老消防队员嘟哝："总该做点儿什么的……"

他们就都不说话了，都在想究竟该做点儿什么。

他们首先给急救中心挂了电话，但因为不清楚确切的住址，急救中心的回答是非常令他们遗憾的……

他们也给警方挂了电话，同样的原因，警方的回答也非常令他们失望……

该做的事已经做了，连老消防队员也不知道该继续做什么了……

他说："我们为救一个人的命已经做了两件事，但并不意味着我们救了一个向我们求救过的人。"

年轻的消防队员说："我也这么想。"

"她肯定还在流血不止。"

"肯定的。"

"如果没有人实际上去救她，她真的会死的。"

"真的会死的……"

年轻的消防队员说完，忽然拍了一下自己的前额："嘿，我们干吗不查问一下电话局？那样，我们至少可以知道她住在哪一条街区！……"

老消防队员赶紧抓起了电话……

一分钟后，他们知道求救者住在哪一条街了……

两分钟后，他们从地图上找到了那一条街，它在另一市区，再将弄清的情况通告急救中心或警方吗？

但是一方暂无急救车可以前往，一方的线路占线，连拨不通……

老消防队员灵机一动，向另一市区的消防队值班室拨去了电话，希望派出消防车救一位老女人的命……

但他遭到了拒绝。

拒绝的理由简单又正当：派消防车救人？荒唐之事！在没有火灾也未经特批的情况下出动消防车，不但严重违反消防队的纪律条例，也严重违反城市管理法啊！

他们一筹莫展了……

老消防队员发呆地望了一会儿挂在墙上的地图，主意已定地说："那么，为了救一个人的命，就让我来违反纪律和违法吧！……"

他起身拉响了报警器。

年轻的消防队员说："不能让你在退休前受什么处罚。报警器是我拉响的，一切后果由我来承担。"

老消防队员说："你还是一名见习队员，怎么能牵连你呢？报警器明明是我拉响的嘛！"

院子里已经嘈杂起来，一些留宿待命的消防队员匆匆地穿着消防服……

当老消防队员说明拉报警器的原因后，院子里一片肃静。

老消防队员说："认为我们不是在胡闹的人，就请跟我们去吧！……"

他说完走向一辆消防车，年轻的消防队员紧随其后。没有谁返身回到宿舍去，也没有谁说什么、问什么，都分头踏上了两辆消防车……

雨又下大了，马路上的车辆皆缓慢行驶……

两辆消防车一路鸣笛，争分夺秒地从本市区开往另一市区……

它们很快就驶在那一条街道上了。那是一条很长的街道。正是周末，人们睡的晚，几乎家家户户的窗子都明亮着。

求救者究竟倒在哪一幢楼的哪一间屋子里呢？

断定本街上并没有火灾发生的市民，因消防车的到来滋扰了这里的宁静而愤怒。有人推开窗子大骂消防队员们……

年轻的消防队员站立在消防车的踏板上，手持话筒做着必要的解释。

许多大人和孩子从自家的窗子后面，观望到了大雨浇着他和别的消防队员们的情形……

"市民们，请你们配合我们，关上你们各家所有房间的电灯！……"

年轻的消防队员反复要求着……

一扇明亮的窗子黑了……

又一扇明亮的窗子黑了……

再也无人大骂了……

在这一座城市，在这一条街道，在这一个夜晚，在飘泼大雨中，两辆消防车如夜海上的巡逻舰，缓缓地一左一右地并驶着……

迎头的各种车辆纷纷倒退……

除了司机，每一名消防队员都站立在消防车两旁的踏板上，目光密切地关注着街道两侧的楼房，包括那位老消防队员……

雨，下得更大了……

街道两旁的楼房的窗全都黑暗了，只有两行路灯亮着了……

那一条街道那一时刻那么的寂静……

"看！……"一名消防队员激动地大叫起来……

他们终于发现了唯一一户人家亮着的窗……

一位七十余岁的老妇人被消防车送往了医院……

医生说，再晚十分钟，她的生命就会因失血过多不保了。

两名消防队员自然没受处罚。

市长亲自向他们颁发了荣誉证书，称赞他们是本市"最可爱的市民"。其他消防队员也受到了热情的表扬。

那位老妇人后来成为该市年龄最大也最积极的慈善活动志愿者……

大约是在初一时，我从隔壁邻居卢叔收的废报刊堆里翻到了一册港版的《读者文摘》。其中的这一则纪实文章令我的心一阵阵感动。但是当年我不敢向任何人说出我所受的感动——因为事情发生在美国。

当年我少年的心又感动又困惑——因为美国大兵正在越南用现代武器杀人放火。

人性如泉。流在干净的地方，带走不干净的东西；流在不干净的地方，它自身也污浊。

后来就赶上，"文革"了。"文革"中我更多次地联想到这一则纪实……

四

以下一则"故事"是以第一人称叙述的。那么让我也尊重"原版"，以第一人称叙述……

"我"是一位已毕业两年了的文科女大学生。"我"两年内几十次应聘，仅几次被试用过，更多次应聘谈话未结束就遭到了干脆的或客气的拒绝。即使那几次被试用，也很快被以各种理由打发走。这使"我"产生了巨大的人生挫败感。

"我"甚至产生过自杀的念头。

"我"找不到工作的主要原因不是有什么品行劣迹，也不是能力天生很差。大学毕业前夕"我"被车刮倒过一次，留下了难以治愈的后遗症——心情一紧张，两耳便失聪。

"我"是一个诚实的人，每次应聘"我"都声明这一点。

而结果往往是，招聘主管者们欣赏"我"的诚实，但却不肯降格录用。"我"虽然对此充分理解，可无法减轻人生忧愁。

"我"仍不改初衷，每次应聘，还是一如既往地声明在先，也就一如既往地一次次希望落空……

在"我"沮丧至极的日子里，很令"我"喜出望外的，"我"被一家报馆试用了！

那是因为"我"的诚实起了作用，也因为"我"诚实不改且不悔的经历引起了同情。

与"我"面谈的是一位部门主任。

他对"我"说："你是受过高等教育的。社会应该留给你这么诚实的人适合你的一种工作。否则，谁也没有资格要求你热爱人生了。"

部门主任的话也令"我"大为感动。

"我"的具体工作是资料管理。这一份工作获得不易，"我"异常珍惜。而且，也渐渐喜欢这一份工作了。"我"的心情从没有这么好，每天笑口常开。当然，双耳失聪的后遗症现象一次也没发生过……

同事们不但接受了"我"这一名资料管理员，甚至开始称赞"我"良好的工作表现了。

试用期一天天地过去着，不久，"我"将被正式签约录用了。这是"我"梦寐以求的呀！

"我"不再觉得自己是一个不幸的人，反而觉得自己是一个十分幸运的人了。

某一天，那一天是试用期满的前三天。报馆同事上下忙碌，为争取对一新闻事件的最先报道，人人放弃了午休。到资料馆查询相关资料的人接二连三……

受紧张气氛影响，"我"最担心之事发生了——"我"双耳失聪了！这使我陷于不知所措之境，也使同事们陷于不知所措之境。

笔谈代替了话语。时间对于新闻意味着什么不言自明，何况有多家媒体在与该报抢发同一条新闻！……

结果该报在新闻战中败北了。对于该报，几乎意味着是一支足球队在一次稳操胜券的比赛中惨遭淘汰……

客观地说，如此结果，并非完全是由"我"一人造成的。但"我"确实难逃干系啊！

"我"觉得多么地对不起报社对不起同事们呀！

"我"内疚极了。同时，我更害怕三天后被冷淡地打发走呢！

"我"向所有当天到过资料室的人表示真诚的歉意，"我"向部门主任当面承认"错误"……

一切人似乎都谅解了"我"，在"我"看来，似乎而已。

"我"敏感异常地觉得，人们谅解自己是假的，是装模作样的。总之是表面的，仅仅为了证明自己的宽宏大量罢了……

"我"猜想：其实报社上上下下，都巴不得自己三天后没脸再来上班。

但，那"我"不是又失业了吗？"我"还能幸运地再找到一份工作吗？第二次幸运的机会究竟在哪儿呀？"我"已根本不相信它的存在了……

奇怪的是：三天后，并没谁找"我"谈话，通知我被解聘了；当然也没谁来让"我"签订正式录用的合同。"我"太珍惜获得不易的工作了！"我"决定放弃自尊，没人通知就照常上班。一切人见了"我"，依旧和"我"友好地点头，或打招呼。但"我"觉得人们的友好已经变质了，微笑着的点头已是虚伪的了。明显的，人们对"我"的态度，与以前是那么的不一样了，变得极不自然了，仿佛竭力要将自己的虚伪成功地掩饰起来似的……

以前，每到周末，人们都会热情地邀请"我"参加报社一向的"派对"娱乐活动。现在，两个周末过去了，"我"都没受到邀请——如果这还不是歧视，那什么才算歧视呢？

"我"由内疚由难过而生气了——倒莫如干脆打发"我"走！为什么要以如

此虚伪的方式逼"我"自己离开呢？这不是既想达到目的又企图得善待试用者的美名吗？

"我"对当时决定试用自己的那一位部门主任，以及自己曾特别尊敬的报社同事们暗生嫌恶了。都言虚伪是当代人之人性的通病，"我"算是深有体会了！

第三个周末，下班后，人们又都匆匆地结伴走了。

"派对"娱乐活动室就在顶层，人们当然是去尽情娱乐了呀！只有"我"独自一人留在资料室发呆，继而落泪。

回家吗？明天还照常来上班吗？或者明天自己主动要求结清工资，然后将报社上上下下骂一通，扬长而去？

"我"做出了最后的决定。一经决定，"我"又想，干吗还要等到明天呢？干吗不今天晚上就到顶层去，突然出现，趁人们皆愣之际，大骂人们的虚伪；趁人们被骂得呆若木鸡，转身便走有何不可？难道虚伪是不该被骂的吗？！不就是三个星期的工资吗？为了自己替自己出一口气，不要就是了呀！于是"我"抹去泪，霍然站起，直奔电梯……

"我"一脚将娱乐活动室的门踢开了——人们对"我"的出现倍感意外，一个个都呆若木鸡；而"我"对眼前的情形也同样地备感意外，也同样地一时呆若木鸡……

"我"看到一位哑语教师，在教全报社的人哑语，包括主编和社长也在内……

部门主任走上前，以温和的语调说："大家都明白你目前这一份工作对你是多么的重要。每个人都愿帮你保住你的工作。三个周末以来都是这样。我曾经对你说过：社会应该留给你这么诚实的人一份适合你的工作。我的话当时也是代表报社代表大家的。对你，我们大家都没有改变态度……"

"我"环视同事们，大家都对"我"友善地微笑着……

还是那些熟悉了的面孔，还是那些见惯了的微笑……

却不再使"我"产生虚伪之感了。

还是那种关怀的目光，从老的和年轻的眼中望着"我"，似乎竟都包含着歉意，似乎每个人都在以目光默默地对"我"说："原谅我们以前未想到用这样的方式帮助你……"

曾使我感到幸运和幸福的一切内容，原来都没有变质。非但都没有变质，而且美好地温馨地连成一片令"我"感动不已的，看不见却真真实实地存在着的事物了……

"我"的泪水顿时夺眶而出。

"我"站在门口，低着头，双手捂脸，孩子似的哭着……

眼泪因被关怀而流……

也因对同事们的误解而流……

那一时刻"我"又感动又羞愧，于是人们渐渐聚向"我"的身旁……

五

还是冬季，还是雪花曼舞的傍晚，还是在人口不多的小城，事情还是与一家小小的首饰店有关……

它是比前边讲到的那家首饰店更小了。前边讲的那家首饰店，在经济大萧条的时代，起码还雇得起三位姑娘。这一家小首饰店的主人，却是谁都雇不起的……

他是三十二三岁的青年，未婚青年。他的家只剩他一个人了，父母早已过世了，姐姐远嫁到外地去了。小首饰店是父母传给他继承的。它算不上是一宗值得守护的财富，但是对他很重要，他靠它为生。

大萧条继续着。

他的小首饰店是越来越冷清了，他的经营是越来越惨淡了。

那是圣诞节的傍晚。

他寂寞地坐在柜台后看书，巴望有人光临他的小首饰店。已经五六天没人迈入他的小首饰店了。他既巴望着，也不多的期待。在圣诞节的傍晚他坐在他的小首饰店里，纯粹是由于习惯。反正回到家里也是他一个人，也是一样的孤独和寂寞。几年以来的圣诞节或别的什么节日，他都是在他的小首饰店里度过的……

万一有人……

他只不过心存着一点点侥幸罢了。

如果不是经济大萧条的时代，节日里尤其是圣诞节，光临他的小首饰店的人还是不少的。

因为他店里的首饰大部分是特别廉价的，是适合底层的人们选择了作为礼物的。

经济大萧条的时代是注定要剥夺人们某种资格的。首先剥夺的是底层人在节日里相互赠礼的资格。对于底层人，这一资格在经济大萧条的时代成了奢侈之事……

青年的目光，不时离开书页望向窗外，并长长地忧郁地叹上一口气……

居然有人光临他的小首饰店了！光临者是一位少女。看上去只有十一二岁。一条旧的灰色的长围巾，严严实实地围住了她的头，只露出正面的小脸儿。

少女的脸儿冻得通红，手也是。只有老太婆才围她那种灰色的围巾。肯定的，在她临出家门时，疼爱她的祖母或外祖母将自己的围巾给她围上了。

他放下书，起身说："小姐，圣诞快乐！希望我能使你满意，您也能使我满意。"

少女仰起脸望着他，庄重地回答："先生，也祝您圣诞快乐！我想，我们一定都会满意的。"

她穿一件打了多处补丁的旧大衣。她回答时，一只手朝她一边的大衣兜拍了一下。仿佛她是阔佬，那只大衣兜里揣着满满一袋金币似的。

青年的目光隔着柜台端详她，看见她穿一双靴腰很高的毡靴。毡靴也是旧的。显然地比她的脚要大得多。而大衣原先分明很长，是大姑娘们穿的无疑。谁替她将大衣的下裾剪去了，并且按照她的身材改缝过了吗？也是她的祖母或外祖母吗？

他得出了结论——少女来自一个贫寒家庭。她使他联想到了《卖火柴的小女孩》，而他刚才捧读的，正是一本安徒生的童话集。

青年忽然觉得自己对这少女特别地怜爱起来，觉得她脸上的表情那会儿纯洁得近乎圣洁。他决定，如果她想买的只不过是一只耳环，那么他将送给她，或仅象征性地收几枚小币……

少女为了看得仔细，上身伏在柜台上，脸几乎贴着玻璃了——原来她近视。

青年猜到了这一点，一边用抹布擦柜台的玻璃，一边怜爱地瞧着少女。其实柜台的玻璃很干净，可以说一尘不染。他还要擦，是因为觉得自己总该为小女孩做些什么才对。

"先生，请把这串颈链取出来。"少女终于抬起头指着说。

"怎么……"他不禁犹豫。

"我要买下它。"少女的语气那么自信，仿佛她大衣兜里的钱，足以买下他店里的任何一件首饰。

"可是……"青年一时不知自己想说的话究竟该如何说才好。

"可是这串颈链很贵？"少女的目光盯在他脸上。

他点了点头。

那串颈链是他小首饰店里最贵的。它是他的压店之宝。另外所有首饰的价格加起来，也抵不上那一串颈链的价格。当然，富人们对它肯定是不屑一顾的。而穷人们却只有欣赏而已。所以它陈列在柜台里多年也没卖出去。有它，青年才觉得自己毕竟是一家小首饰店的店主。他经常这么想——倘若哪一天他要结婚了，它还没卖出去，那么他就不卖它了。他要在婚礼上亲手将它戴在自己新娘的颈上……

现在，他对自己说，他必须认真地对待面前的女孩了。

她感兴趣的可是他的压店之宝呀！

不料少女说："我买得起它。"

少女说罢，从大衣兜里费劲地掏出一只小布袋儿。小布袋儿看去沉甸甸的，仿佛装的真是一袋金币。

少女解开小布袋儿，往柜台上兜底儿一倒，于是柜台上出现了一堆硬币。但不是金灿灿的金币，而是一堆收入低微的工人们在小酒馆里喝酒时，表示大方当小费的小币……

有几枚小币从柜台上滚落到了地上。少女弯腰一一捡起它们。由于她穿着高腰的毡靴，弯下腰很不容易。姿势像表演杂技似的。还有几枚小币滚到了柜台底下，她干脆趴在地上，将手臂伸到柜台底下去捡……

她重新站在他面前时，脸涨得通红。她将捡起的那几枚小币也放在柜台上，一双大眼睛默默地庄严地望着青年，仿佛在问："我用这么多钱还买不下你的颈链吗？"

青年的脸也涨得通红，他不由得躲闪她的目光。他想说的话更不知该如何说才好了。全部小币，不足以买下那串颈链的一颗，不，半颗珠子。

他沉吟了半天才吞吞吐吐地说："小姐，其实这串颈链并不怎么好。我……我愿向您推荐一只别致的耳环……"

少女摇头道："不。我不要买什么耳环。我要买这串颈链……"

"小姐，您的年龄，其实还没到非戴颈链不可的年龄……"

"先生，这我明白。我是要买了它当做圣诞礼物送给我的姐姐，给她一个惊喜……"

"可是小姐，一般是姐姐送妹妹圣诞礼物的……"

"可是先生，您不知道我有多爱我的姐姐啊！我可爱她了！我无论送给她多么贵重的礼物，都不能表达我对她的爱……"

于是少女娓娓地讲述起她的姐姐来……

她很小的时候，父母就去世了。是她的姐姐将她抚养大的。她从三四岁起就体弱多病。没有姐姐像慈母照顾自己心爱的孩子一样照顾她，她也许早就死了。姐姐为了她一直未嫁。姐姐为了抚养她，什么受人歧视的下等工作都做过了，就差没当侍酒女郎了。但为了给她治病，已卖过两次血了……

青年的表情渐渐肃穆。

女孩儿的话使他想起了他的姐姐。然而他的姐姐对他却一点儿都不好。出嫁后还回来与他争夺这小首饰店的继承权。那一年他才十九岁呀！他的姐姐伤透了他的心……

"先生，您明白我的想法了吗？"女孩儿噙着泪问。

他低声回答："小姐，我完全理解。"

"那么，请数一下我的钱吧。我相信您会把多余的钱如数退给我的……"

青年望着那堆小币愣了良久，竟默默地，郑重其事地开始数……

"小姐，这是您多余的钱，请收好。"

他居然还退给了少女几枚小币，连自己也不知自己在干什么。

他又默默地，郑重其事将颈链放入它的盒子里，认认真真地包装好。

"小姐，现在，它归你了。"

"先生，谢谢。"

"尊敬的小姐，外面路滑，请走好。"他绕出柜台，替她开门。仿佛她是慷慨的贵妇，已使他大赚了一笔似的。

望着少女的背影在夜幕中走出很远，他才关上他的店门。

失去了压店之宝，他顿觉他的小店变得空空荡荡不存一物似的。

他散漫的目光落在书上，不禁地在心里这么说："安徒生先生啊，都是由于你的童话我才变得如此的傻。可我已经是大人了呀！……"

那一时刻，圣诞之夜的第一遍钟声响了……

第二天，小首饰店关门了。

青年到外地打工去了，带着他爱读的《安徒生童话集》……

三年后，他又回到了小城。

圣诞夜，他又坐在他的小首饰店里，静静地读另一本安徒生的童话集……

教堂敲响了入夜的第一遍钟声时，店门开了。进来的是三年前那一位少女，和她的姐姐，一位容貌端秀的二十四五岁的女郎……

女郎说："先生，三年来我和妹妹经常盼着您回到这座小城，像盼我们的亲人一样。现在，我们终于可以将颈链还给您了……"

长大了三岁的少女说："先生，那我也还是要感谢您。因为您的颈链使我的姐姐更加明白，她对我是像母亲一样重要的……"

青年顿时热泪盈眶。

他和那女郎如果不相爱，不是就很奇怪了吗？

……

以上五则，皆真人真事，起码在我的记忆中是的。从少年至青年至中年时代，他们曾像维生素保健人的身体一样营养过我的心。第四则的阅读时间稍近些。大约在七十年代末，那时我快三十岁了。"文革"结束才两三年，中国的伤痕一部分一部分地裸露给世人看了。它在最痛苦也在最普遍最令我们中国人羞耻的方面，乃是以许许多多同胞的命运的伤痕来体现的。也是我以少年的和青年的眼在"文革"中司空见惯的。"文革"即使没能彻底摧毁我对人性善的坚定不移的信仰，也使我在极大程度上开始怀疑人性善之合乎人作为人的法则。事实上经历了"文革"的我，竟有些感觉人性善之脆弱，之暧昧，之不怎么可靠。我已经就快变成一个冷眼看世界的青年了，并且不得不准备硬了心肠体会我所生逢的中国时代了。

幸而"文革"结束了，否则我不敢自信我生为人恪守的某些原则，无论在任何情况下都不会放弃；不敢自信我绝不会向那一时代妥协；甚至不敢自信我绝不会与那一时代沆瀣一气，同流合污……

具体对我而言，我常想："文革"之结束，未必不也是对我之人性质量的及时拯救，在它随时有可能变质的阶段……

所以，当我读到人性内容的记录那么朴素，那么温馨的文字时，我之感动尤深。

我想，一个人可以从某一天开始一种新的人生，世间也是可以从某一年开始新的整合吧？

于是我又重新祭起了对人性善的坚定不移的信仰；于是我又以特别理想主义的心去感受时代，以特别理想的眼去看社会了……

这一种状态一直延续了十余年。十余年内，我的写作基本上是理想主义色彩鲜明的。偶有愤世嫉俗性的文字发表，那也往往是由于我认为时代和社会的理想化程度不和我一己的好恶……

然而，步入中年以后，我坦率承认，我对以上几则"故事"的真实性越来越怀疑了。可它们明明是真实的啊！它们明明坚定过我对人性善的信仰啊！它们明明营养过我的心啊！

我知道，不但时代变了，我自己的理念架构也在浑然不觉间发生了重组，我清楚这一点。我不再是一个理想主义者了，并且，可能永远也不再会是了。这使我经常暗自悲哀。

我的人生经验告诉我：人在少年和青年时期若不曾对人世特别地理想主义过，那么以后一辈子都将活得极为现实。

少年和青年时期理想主义过没什么不好，一辈子都活得极为现实的人生体会也不见得多么良好；反过来说也行，那就是，一辈子都活得极为现实的人生不算什么遗憾，少年和青年时期理想主义过也不见得是一件值得欣慰的事……

以上几则故事，依我想来，在当今中国现实中，几乎都没有了可能性。谁若在类似的情况下，像它们的当事人那么去做，不知结果会怎样？恐怕会是自食恶果而且被人冷嘲曰自作自受的吧？

故我将它们追述出来，绝无倡导的意思。只不过是一种摆脱记忆粘连的方式罢了。

再有什么动机，那就是提供朴素的、温馨的人性和人道内容的欣赏了。

时间即"上帝"

少年时读过高尔基的一篇散文——《时间》。

高尔基在文中表现出了对时间的无比敬畏。不，不仅是敬畏，甚至可以说是一种极其恐惧的心理。是的，是那样。因为高尔基确乎在他的散文中用了"恐惧"一词。

他写道：夜不能眠，在一片寂静中听钟表之声嘀哒，顿觉毛骨悚然，陷于恐惧……

少年的我读这一篇散文时是何等的困惑不解啊！怎么，写过激情澎湃的《海燕》的高尔基，竟会写出《时间》那般沮丧的东西呢？

步入中年后，我也经常对时间心生无比的敬畏。我对生死的问题比较地能想得开，所以对时间并无恐惧。

我对时间另有一些思考。

有神论者认为一位万能的神化的"上帝"是存在的。

无论神论者认为每一个人都可以成为自己的"上帝"。起码可以成为主宰自己精神境界的"上帝"。

我的理念倾向于无神论。

但，某种万能的，你想象其寻常便很寻常，你想象其神秘便很神秘的伟力是否存在呢？如果存在是什么呢？

我认为它就是时间。

我认为时间即"上帝"。

它的伟力不因任何人的意志而转移。

"愚公移山"、"精卫填海"，其意志可谓永恒，但用一百年挖掉了两座大山又如何？用一千年填平了一片大海又如何？因为时间完全可以再用一百年堆出两座更高的山来；完全可以再用一千年"造"出一片更广阔的海域来。甚至，可以在短短的几天内便依赖地壳的改变完成它的"杰作"。那时，后人早已忘了移山的愚公曾在时间的流程中存在过；也早已忘了精卫曾在时间的流程中存在过。而时间依然年轻。

只有一样事物是有计算单位但无限的，那就是时间。

"经受时间的考验"这一句话，细细想来，是人的一相情愿。因为事实上，宇宙间没有任何事物能真正经受得住时间的考验。一千年以后金字塔和长城也许成为传说，珠峰会怎样很难预见。

归根到底我要阐明的意思是：因为有了人，时间才有了计算的单位；因为有了人，时间才涂上了人性的色彩；因为有了人，时间才变得宝贵；因为有了人，时间才有了它自己的简史；因为有了人，时间才有了一切的意义……

而在时间相对于人的一切意义中，我认为，首要的意义乃是——因为有了时间，人才思考活着的意义；因为在地球上的一切生命形式中，独有人进行这样的思考，人类才有创造的成就。

人类是最理解时间真谛，也是最接近着时间这一位"上帝"的。

每个具体的人亦如此。

连小孩子都会显出"时间来不及了！"的忐忑不安或"时间多着呢！"的从容自信。

决定着人的心情的诸事，掰开了揉碎了分析，十之八九皆与时间发生密切关系。

人类赋予了冷冰冰的时间以人性的色彩；反过来，具有了人性色彩的时间，最终是以人性的标准"考验"着人类的状态。那么，谁能说和平不是人性的概念？谁能说民主不是人性的概念？谁能说平等和博爱不是时间要求于人类的？

人啊，敬畏时间呢！因为，它比一位神化的"上帝"对我们更宽容；也比一位神化的"上帝"对我们更严厉。

人敬畏它的好处是，无论自己手握多么至高无上的权杖，都不会幼稚地幻想自己是众生的"上帝"。因为也许，恰在人这么得意着的某个日子，时间离开了他的生命……

关于《好人书卷》

《好人书卷》，这是迄今以前不曾有过的一种刊物。

现在，也没有。不过我相信，许多的年轻人和长者，男人和女人，肯定是早已在内心里企望着这么一种刊物了。只不过他们或她们，都没有想出《好人书卷》这么一个具体的又是很好的刊名罢了。

这世界无论到了哪一世纪，无论到了哪一地步，好人总是不至于灭绝的。好人使人类区别于兽类。好人的好以及他们或她们做的好事，抵消人和人之间，同胞和同胞之间的互相嫌恶，互相妒憎，互相敌视乃至仇视。好人是人间的天使。老的也罢，少的也罢，美的也罢，丑的也罢，只要真配得上被称做好人了，也就可属于我们人间的天使了。好人当然是不需要有一种刊物专为赞美他们或她们的。但活在好人边儿上的人们的心灵则需要。因为活在好人边儿上的，并不见得都那么心甘情愿的进而混到坏人边儿上去。我想混在坏人边儿上的人们的心灵大概也是需要的。因为这样的人中的十之六七，也是并不见得都那么心甘情愿的一不做二不休地成为坏人。其实我们大多数人都活在好人边上。这个我们当中包括我自己。所以《好人书卷》其实又是一种为大多数人而存在的刊物，尽管现在它还并不存在……

因为《新华文摘》第九期转载了我的中篇小说《冉之父》，所以便认识了年轻的编辑潘学清。因为认识了他，所以才知道他一直打算创办一个刊物叫《好人书卷》，所以才有这一篇断想……

当时他的想法深深地感动了我，竟有年轻人打算创办这样的一种刊物！为我们这些活在好人边上的人！

四十多岁了还活在好人边上，细想想真惭愧。四十多岁了还能活在好人边上，细想想也真欣慰。都说人生很难，千难万难，大概活到老活成一个好人是最难的吧？

"好人"是人类语言中最朴素最直白的两个字。朴素得稍加形容和修饰就会顿然扭曲本意，直白得任谁都难以解释明白。

但是我们人类用好人两个字去说一个人的时候并不多。它甚至可以被认为是他们说话时最慎重最吝啬的两个字。也许因为好人委实太少了？也许因为我们大多数人一辈子只能活在好人边儿上，所以不肯轻易承认别人比自己好？

我们常说某某很有才华，常说某某在某一方面很有能力，常说某某很了不起，常说某某办事很周到，常说某男很帅很潇洒，常说某女很美很多情，常……却很少说某某是个好人。

难道不是这样么？

我想，无论对于男人或女人，无论对于年轻人或长者，第一善良，第二正直，第三富有同情心，第四敬仰人道主义，懂得理解和尊重美好事物，大致的也就算一个好人。可是就这么几点，竟是我们很难一身兼备的，很难做到的！每一思忖，不禁地愧从中来，悲从中来……

为什么我们常说某人善良却似乎偏不说他是好人呢？因为善良者中也有胆小如鼠之辈。那一种善良不过是犬儒主义者的善良。其实也不过就是对他人没有侵略性罢了。而眼见他人辱人、欺人、虐人，因为没有正义感托着那一点犬儒主义者的善良，乃是那么地狼狈。尽管他那一种善良以往完全可能是真的。为什么我们常说某人有正义感却偏不说他是好人呢？因正义者中也有冷酷之人。恰好比正义之师也可能是肆虐之旅。如果说正义存在的价值是与非正义抗衡，毋宁说它的价值首选体现在对践踏真善美以及践踏人道人性所表达的那一份愤慨，和由此产生的维护正义的冲动。这一冲动代表人类内心里的尊贵和尊严……

电视正播《十八分钟》，记者采访一些男人和女人。他们和她们因目睹某个人在火车轮下救了一个孩子的命而感动不已。我看出那一种感动是真实的。我也很受感动。我们还保持着被感动的本能——这是人的基本本能之一，多么好哇。仅仅这一点就足以令人感动。因为现今太多的人被物欲所诱，似乎已经不大能被什么所感动了。我们曾见过一头被什么感动的驴或鸭子？蚯蚓或蟑螂么？

印刷机每天都不停地转动。成吨的纸被印上无聊且无病呻吟的玩世不恭的低级庸俗的黄色下流的文字售于人间，那么多的人贪婪地看着如同非洲鬣狗和秃鹰贪婪饥食着的腐尸……

我相信某一天，某一印刷厂的印刷机，会印出一批刊物，而它的名字叫《好人书卷》。那时我将不仅是它忠实的读者，而且是它忠实的撰稿人……

藏书的断想

我对书籍的"收藏"是很纯粹意思上的"收藏"——"收"就是从书架上"请"下来,爱惜地放入纸箱;"藏"则是对更爱惜的书的优待,用订书器订在大信封里,大信封再装进塑料袋里……

几天前在整理书籍时,从"藏"的那一类中,发现了一册《连环画报》。一九八六年第十一期……

心里好生纳闷——怎么一册《连环画报》,竟混淆进了我的"藏"书范畴?于是抽出搁置一边……

临睡失眠,想起那册《连环画报》,自己对自己的困惑尚未解释,就躺着翻阅起来。自然先看目录——首篇是《只知道这么多》——土人绘。

《只知道这么多》——这哪像是文学作品呢?搜索遍记忆,更排除在了名著以外。非文学更非名著,怎么就选作首篇了呢?

于是翻到了这一篇,迫切地想知道《只知道这么多》能使我知道些什么……

第二十八页,彩页的最后一页——海蓝色的衬底,上一幅,下一幅,其间两小幅,以最规矩的版式排满了四幅连环画。第一幅上画的是在海啸中倾沉着的一艘客轮。第四幅上画的是一位年轻的欧洲姑娘——她回首凝视,目光沉静又镇定,表情庄重,唯唇角挂着一抹似乎的微笑,传达出心灵里对他人的友爱和仁慈……

我一下子合上了那册《连环画报》……

我不禁坐了起来……

我肃然地看着封面——封面上是放大的第三幅绘画——在一些惊恐的人们之间，站立着一位她……

我蓦地想起来了——那画上画的是"泰坦尼克"号客轮一九一二年的海上遇难事件啊！……

"坐我的位置吧！我没有结婚，也没有孩子。"她说完这句话，就迅速地离开了救生艇，将自己的位置让给了两个儿童……她又从救生艇回到正在沉没着的客轮上去了——回到了许许多多男人们中间。在这生死关头，他们表现了种种将活着的机会让给别人，将死亡坦然地留给自己的高贵品质……

她是女人，她有权留在救生艇上，可她却放弃了这种权利……

她成了一千五百多个不幸遇难者中的一个。

她的名字叫伊文思，伊文思小姐。

她乘船回自己的家。

关于她的情况，活下来的人们——只知道这么多——"只知道这么多"……

《连环画报》中夹着一页白纸。我轻轻抽出——白纸上写着这样几行字：

> 贵族——我以为，更应做这样的解释——人类心灵中很高贵的那一部分人。或曰那一"族"人。他们和她们的心灵之光，普照着我们，使我们在自私、唯利是图、相互嫉妒、相互倾轧、相互坑骗、相互侵犯的时候，还能受着羞耻感的最后约束……

这是我自己写在白纸上的。我竟能把字写得那么工整！甚至使我不免有些怀疑这是否真是自己写的。然而，分明的，那的确是我自己写的。因为下方署着"晓声敬题于一九八六年十二月二十一日"一行小字……

于是我明白了，为什么我会将这一册八年前的《连环画报》归入到自己格外爱惜的"藏"书一类……

如今，"贵族"两个字，开始很被一些人津津乐道了。这儿，那儿，也有了中国式的"贵族俱乐部"。更有了许多专供中国式的"贵族"们去享受和逍遥的地方。一旦经常能去那样的地方，似乎就快成"贵族"了。一旦挤进了"贵族俱乐部"，俨然就终于是"贵族"了……

至于"精神"——"精神"似乎早已被"气质"这个词取代了，而"气质"又早已和名牌商品的广告联姻了……

伊文思小姐是"贵族"吗？——因为世人"只知道这么多"，也就没有妄下结论的任何根据。

但是，就精神而言，就心灵而言，她乃是一位真真正正的"贵族"女性啊！……

她从最高尚的含义，界定了"贵族"这两个字令人无比崇敬的概念。

不知我们中国的"新贵族"们，在"贵族俱乐部"里，是否也于物质享受的间歇，偶尔谈论到"贵族"的那点儿"精神"？……

第二天，我又将那一册《连环画报》订入了大信封，同时"收藏"起我对不知是不是"贵族"的伊文思小姐的永远的敬意。

八年来，我自己的心灵受着种种的诱惑和侵蚀，它疤疤瘌瘌的，已越来越不堪自视了。亏我还没彻底泯灭自省的本能，所以才从不屑于去冒充什么"贵族"，更不敢自诩是什么"精神贵族"……

愿别的中国人比我幸运，不但皆渐渐地"贵族"起来，而且也还有那么一点儿精神可言……

感谢"土人"先生，正因为他的绘画奉献，那一册《连环画报》才值得我珍藏了八年。我要一直珍藏下去。我会的……

阅读一颗心

在为到大学去讲课做些必要的案头工作的日子里，又一次思索起关于文学的基本概念，如现实主义、理想主义以及现实主义与浪漫主义的相结合等。毫无疑问，对于我将要面对的大学生们，这些基本的概念似乎早已陈旧，甚而被认为早已过时。但，万一有某个学生认真地提问起来呢?

于是想到了雨果，于是重新阅读雨果，于是一行行真挚的、热烈得近乎滚烫的、充满了诗化和圣化意味的句子，又一次使我像少年时一样被深深地感动了。坦率地说，生活在仿佛每一口空气中都分布着物欲元素和本能意识的今天，我已经根本不能像少年时的自己一样信任雨果了。但我还是被深深地感动了。依我想来，雨果当年所处的巴黎，其人欲横流的现状比之今天的世界肯定有过之而无不及，人性真善美所必然承受的扭曲力，也肯定比今天强大得多，这是我不信任他笔下那些接近着道德完美的人物之真实性的原因。但他内心里怎么就能够激发起塑造那样一些人物的炽烈热情呢? 倘不相信自己笔下的人物在自己所处的时代是有依据存在着的，起码是可能存在着的，作家笔下又怎会流淌出那么纯净的赞美诗般的文字呢? 这显然是理想主义高度上升作用于作家大脑之中的现象。我深深地感动于一颗作家的心灵，在他所处的那样一个四处潜伏着阶级对立情绪，虚伪比诚实在人世间更容易获得自由，狡诈、贪婪、出卖、鹰犬类的人也许就在身旁的时代，居然仍能对美好人性抱着那么确信无疑的虔诚理念。

在大学讲座后与学生在会场交流

是的，我今天又深深地感动于此，又一次明白了我一向为什么喜欢雨果远超过左拉或大仲马们的理由，我个人的一种理由；并且，又一次因为我在同一点上的越来越经常的动摇，而自我审视，而不无羞惭。

那么，就让我们一起来重温一部雨果的书吧。让我们来再次阅读一颗雨果那样的作家的心吧。比如，让我们来翻开他的《悲惨世界》—— 前不久电视里还介绍过由这部名著改编的电影。

一名苦役犯逃离犯人营以后，可以"变成"任何人，当然也包括"变成"一位市长。但是"变成"一位好市长，必定有特殊的原因。米里哀先生便是那原因。

米里哀先生又是一个怎样的人呢？他曾是一位地方议员，一位"着袍的文人贵族"的儿子。青年时期，还曾是一名优雅、洒脱、头脑机灵、绯闻不断的纨绔子弟。今天，我们的社会里，米里哀式的纨绔子弟也多着呢。"大革命"初期，这名纨绔子弟逃亡国外，妻子病死异乡。当这名纨绔子弟从国外回到法国时，却已经是一位教士了，接着做了一个小镇的神父。斯时他已上了岁数，"过着深居简出的生活"。

他曾在极偶然的情况下见到了拿破仑。

皇帝问："这个老头儿老看着我，他是什么人？"

米里哀神父说："你看一个好人，我看一位伟人，彼此都得益吧。"

由于拿破仑的暗助，不久他便由神父而升为主教大人。

他的主教府与一所医院相邻，是一座宽敞美丽的石砌公馆。医院的房子既小又矮。于是"第二天，二十六个穷人（也是病人）住进了主教府，主教大人则搬进了原来的医院"。国家发给他的年薪是一万五千法郎。而他和他的妹妹及女仆，每月的生活开支仅一千法郎，其余全部用于慈善事业。那一份由雨果为之详列的开支，他至死也没变更过。省里每年都补给主教大人一笔车马费，三十法郎。在深感每月一千法郎的生活开支太少的妹妹和女仆的提醒之下，米里哀主教去将那一笔车马费讨了来，因而遭到了一位小议院议员的诋毁，向宗教事务部部长针对米里哀主教的车马费问题打了一份措辞激烈的秘密报告，大行文字攻击之能事。但米里哀主教却将那每年三千法郎的车马费，又一分不少地全用于慈善之事中了。他这个教区，有三十二个本堂区，四十一个副本堂区，二百八十五个小区。他去巡视，近处步行，远处骑驴。他待人亲切，和教民促膝谈心，很少说教。这后一点，在我看来，尤其可敬。他是那么关心庄稼的收获和孩子们的教育情况。"他笑起来，就像一个小学生。"他嫌恶虚荣。"他对上层社会的人和平民百姓一视同仁。""他总是说：'我们来看看问题出在哪里。'"他为了便于与教民交心而学会了各种南方语言。

一名杀人犯被判死刑，行刑前夜请求祈祷。而本教区的一位神父不屑于为一名杀人犯的灵魂服务。我们的主教大人得知后，没有只是批评，没有下达什么指示，而是亲自去往监狱，陪了那犯人一整夜，安抚他那战栗的心。第二天，陪着他上囚车，陪着他上断头台……

他反对利用"离间计"诱使犯人招供。当他听到了一桩这样的案件，当即发表庄严的质问："那么，在哪里审判国王的检察官先生呢？"

他尤其坚决地反对市侩哲学。逢人打着唯物主义的幌子贩卖市侩哲学，立刻冷嘲热讽，而不顾对方的身份是一名尊贵的议员……

雨果干脆在书的目录中称米里哀主教为"义人"，正如泰戈尔称甘地为"圣雄甘地"；还干脆将书的一章的标题定为"言行一致"，而另一章的标题定为"主教大人的袍子穿得太久了"，正如我们共产党人的好干部，从前总是有一件穿得太久而补了又补的衣服……

雨果详而又详地细写主教大人的卧室，它简单得几乎除了一张床另无家具。冬天他还会睡到牛栏里去，为的就是节省木柴（价格昂贵），也为了享受牛的体温。而他养的两头奶牛产的奶，一半要送给医院的穷病人。而他夜不闭户，为的就是使找他寻求帮助的人免了敲门等待的时间……

他远离某些时髦话题，嫌恶空谈，更不介入无谓的争辩。在他那个时代，诸如王权和教权谁应该更大的问题一直纠缠着辩论家们，正如在中国，在我们这个时代，姓"资"还是姓"社"的问题也曾一直争辩不休。

而米里哀主教最使我们中国人钦服的，也许是这么一点——虽是一位德高望重的主教，却谦卑地认为"我是地上的一条虫"。米里哀主教大人作为一个人，其德行已经接近完美了。雨果塑造他的创作原则，与我们中国人塑造"样板戏"人物的原则如出一辙而又先于我们，简直该被我们尊称为老师了。

我将告诉我的学生们，那就是经典的理想主义文本了，那就是经典的理想主义文学人物了。

于是，冉·阿让被米里哀主教收留一夜，陪吃了饱饱的一顿晚餐，半夜醒来却偷走了银器，天一亮即被捉住，押解了来让米里哀主教指认，主教却当其面说是自己送给他的，则就一点儿也不奇怪了。主教非但那么说，而且头脑里肯定也这么认为——银器不是我们的，是穷人的，"他"显然是个穷人，所以他只不过是拿走了属于自己的东西而已。

于是，冉·阿让"变成"马德兰先生、马德兰市长以后，德行上那么像另一位米里哀，在雨果笔下也就顺理成章了。其生活俭朴像之；其乐善好施像之；其悲悯心肠像之；其对待沙威警长的人性胸怀像之。总之，几乎在一切方面，都有另一位米里哀的影子伴随着他。一个米里哀死了，另一个米里哀在《悲惨世界》中继续着前者未竟的人道事业。

连沙威也是极端理想主义的——因为绝大多数现实生活中的沙威们，其被异化了的"良心"是很不容易省悟的。即使偶一转变，也只不过是一时一事的。过后在别时别事，仍是沙威们。人性的感召力对于沙威们，从来不可能强大到使他们投河的程度。他们的理念一般是由对人性的反射屏装点着的……

米里哀主教大人死时已八十余岁，且已双目失明。他的妹妹一直与他相依为命。雨果在写到他们那种老兄妹关系时，极尽浪漫的、诗化的、圣化的赞美笔触："有爱就不会失去光明。而且这是何等的爱啊！这是完全用美德铸成的爱！心明就会眼亮。心灵摸索着寻找心灵，并且找到了。这个被找到被证实的灵魂是个女人。有一只手在支持你，这是她的手；有一张嘴在轻吻你的额头，这是她的嘴；你听见身边呼吸的声音，这是她，一切都得自于她，从她的崇拜到她的怜悯，从不离开你，一种柔弱的甜蜜的力量始终在援助你，一根不屈不挠的芦苇在支持你，伸手可以触及天意，双手可以将它拥抱，有血有肉的上帝，这是多么美妙啊！……她走开时像个梦，回来却是那么的真实。你感到温暖扑面而来，那是她来了……女性的最难以形容的声音安慰你，为你填补一个消失的世界……"

有这样一个女人在身旁，雨果写道："主教大人从这一个天堂去了另一个天堂。"

如果忘记一下《悲惨世界》，那么读者肯定会做如是之想：这是《少年维特之烦恼》的炽烈的初恋渴望吧？这是《罗密欧与朱丽叶》中心上人对心上人的痴爱的倾诉吧？

但雨果写的却是八十余岁的主教与他七十余岁的妹妹之间的感情关系。这是迄今为止，世界文学史上仅有的一对老年兄妹之间的感情关系的绝唱。我们在被雨果的文字感染的同时，难免会觉得怪怪的。因为在现实生活中，一对老年兄妹或一对老年夫妇，无论他们的感情何等的深长，到了七八十岁的时候，也每每趋于俗态，甚至会变得只不过像两个在一起玩惯了的儿童……

那么我将告诉我的学生们，那就是浪漫主义的经典文本了。

雨果在完成《悲惨世界》时，已然六十岁。他与某伯爵夫人的柏拉图式的婚外恋情，也已持续了二十余年。他旅居国外时，她亦追随而至，住在仅与雨果的住地隔一条街的一幢楼里，为了使他可以很方便地见到她。故我简直不能不怀疑，雨果所写之感情，也许更是他自己和她之间的那一种。雨果死时，和他笔下的米里哀主教同寿，都活到了八十三岁。这一偶然性似乎又具有神秘性。

《悲惨世界》的创作使命，倘仅仅为塑造两个德行完美的理想人物而已，那么雨果就不是雨果了。这是一部几乎包罗社会万象的书。随后铺展开的，是全景式的法国时代图卷。尤其是将巴黎公社起义这一大事件纳入书中，更无可争议地证明了雨果毕竟是雨果。

那么，我将告诉我的学生们，那便是现实主义的经典文本了。

我还将告诉我的学生们，在现实主义与理想主义、现实主义与浪漫主义的相结合方面，与雨果同时代的全世界的作家中，几乎无人比雨果做得更杰出。

而雨果的理想主义，始终是对美好人性和人道原则的文学立场的理想主义。这是绝不同于一切文学的政治理想主义的一种文本，故是文学的特别值得尊敬的一种品质。

在雨果的理念之中，人道原则是高于一切的。

我极其尊敬这一种理念。无论它体现于文学，还是体现于现实。

我深深地感动于一颗作家的心，对人道原则终生不变地恪守。我的感动，使我不因雨果在这一点上有时过分不遗余力的理想主义激情而臧否于他。

如果我未来的学生们中竟有将自己的人生无怨无悔地奉献给文学者，我祈祝他们做得比我这一代作家好……

唐诗宋词的背面

衣裳有衬；履有其里；镜有其反，今概称之为"背面"。细细想来，世间万物，皆有"背面"，仅宇宙除外。因为谁也不曾到达过宇宙的尽头，因而便也无法绕到它的背面去看个究竟。

纵观中国文学史，唐诗宋词，成就粲然。可谓巍巍兮如高山，荡荡兮如江河。

但气象万千瑰如宝藏的唐诗宋词的背面又是什么呢？

以我的眼，多少看出了些男尊女卑。肯定还另外有别的什么不美好的东西，夹在它的华丽外表的褶皱间。而我眼浅，才只看出了些男尊女卑，便单说唐诗宋词的男尊女卑吧！

于是想到了《全唐诗》。

《全唐诗》由于冠以一个"全"字，所以薛涛、鱼玄机、李冶、关盼盼、步非烟、张窈窕、姚月华等一批在唐代诗名播扬、诗才超绝的小女子们，竟得以幸运地录中有名，编中有诗。《全唐诗》乃"御制"的大全之集，薛涛们的诗又是那么的影响广远，资质有目共睹；倘以单篇而论，其精粹，其雅致，其优美，往往不在一些唐代的能骈善赋的才子们之下，且每有奇藻异韵令才子们也不由得不心悦诚服五体投地。故，《全唐诗》若少了薛涛们的在编，似乎也就不配冠以一个"全"字了。由此我们倒真的要感激三百多年前的康熙老爷子了。他若不兼容，曾沦为官妓的薛涛、被官府处以死刑的鱼玄机，以及那些或为姬，或为妾，或什么明白身份也没有，只不过像"二奶"似的被官，被才子们，或被才子式的官僚们所包养的才华横溢的唐朝女诗人们的名字，也许将在康熙之后三百多年的历史沧桑中渐渐消失。有一个不争的事实，那就是——无论是在《全唐诗》之前还是在《全唐诗》之后的形形色色的唐诗选本中，薛涛和鱼玄机的名字都是较少见的。尤其在唐代，在那些由亲诗爱诗因诗而名的男性诗人雅士们精编的选本中，薛涛、鱼玄机的名字更是往往被摈除在外的。连他们自己编的自家诗的选集，也都讳莫如深地将自己与她们酬和过的诗篇剔除得一干二净，不留痕迹；仿佛那是他们一时的荒唐，一提都感到耻辱的事情；仿佛在唐代，根本不曾有过诗才绝不低于他们，甚而高于他们的名字叫薛涛、鱼玄机的两位女诗人；仿佛他们与她们相互赠予过的诗篇，纯系子虚乌有。连薛涛和鱼玄机的诗人命运都如此这般，更不要说另外那些是姬、是妾、是妓的女诗人之才名的遭遇了。在《全唐诗》问世之前，除了极少数如李清照那般出身名门又幸而嫁给了为官的名士为妻的女诗人的名字入选某种正统诗集，其余的她们的诗篇，则大抵是由民间的有公正心的人士一往情深地辑存了的。散失了的比辑存下来的不知要多几倍。我们今人竟有幸也能读到薛涛、鱼玄机们的诗，实在是沾了康熙老爷子的光。而我们所能读到的她们的诗，左不过就是收在《全唐诗》中的那些。不然的话，我们今人便连那些恐怕也是读不到的。

看来，身为男子的诗人们、词人们，以及编诗编词的文人雅士们，在从前的历史年代里，轻视她们的态度是更甚于以男尊女卑为纲常之一的皇家文化原则的。缘何？无他，盖因她们只不过是姬、是妾、是妓而已。而从先秦两汉到明清朝代，才华横溢的女诗人、女词人，其命运又十之八九几乎只能是姬、是妾、是妓。若不善诗善词，则往往连是姬是妾的资格也不大轮得到她们。沦为妓，也只有沦为最低等的。故她们的诗、她们的词的总体风貌，不可能不是幽怨感伤的。她们的才华和天分再高，也不可能不经常呈现出备受压抑的特征。

让我们先来谈谈薛涛——涛本长安良家女子，因随父流落蜀中，沦为妓。唐之妓，分两类：一曰"民妓"；一曰"官妓"。"民妓"即花街柳巷卖身于青楼的那一类。这一类的接客，起码还有巧言推却的自由。涛沦为的却是"官妓"。其低等的，服务于营，实际上如同当年日军中的"慰安妇"。所幸涛属于高等，只应酬于官僚士大夫和因诗而名的才子雅士们之间。对于她的诗才，他们中有人无疑是倾倒的。"扫眉才子知多少，管教春风总不如"，便是他们中谁赞她的由衷之词。而杨慎曾夸她："元、白(元稹、白居易)流纷纷停笔，不亦宜乎！"但她的卑下身份却决定了，她首先必须为当地之主管官僚所占有。他们宴娱享乐，她定当随传随到，充当"三陪女"角色，不仅陪酒，还要小心翼翼以俏令机词取悦于他们，博他们开心。一次因故得罪了一位"节帅"，便被"下放"到军营去充当军妓。不得不献诗以求宽恕，诗曰：

> 闻道边城苦，今来到始知。
>
> 羞将门下曲，唱与陇头儿。
>
> 黠虏犹违命，烽烟直北愁。
>
> 却教严谴妾，不敢向松州。

松州那儿的军营，地近吐鲁番；"陇头儿"，下级军官也；"门下曲"，自然是下级军官们指明要她唱的黄色小调。第二首诗的后两句，简直已含有泣求的意味了。

因诗名而服官政的高骈镇川，理所当然地占有过薛涛。元稹使蜀，也理所当然地占有过薛涛。不但理所当然地占有，还每每在薛涛面前颐指气使地摆起才子和监察使的架子，而薛涛也只有忍气吞声自认卑下的份儿。若元稹一个不高兴，薛涛便又将面临"下放"军营之虑。于是只得再献其诗以重博好感。某次竟献诗十首，才哄元稹稍悦。元稹高兴起来，便虚与委蛇，许情感之"空头支票"，承诺将纳薛涛为妾云云。

且看薛涛献元稹的《十离诗》之一《鹦鹉离笼》：

> 陇西独自一孤身，飞来飞去上锦茵。
>
> 都缘出语无方便，不得笼中直唤人！

"锦茵"者，妓们舞蹈之毯；"出语无方便"，说话不讨人喜欢耳；那么结果会怎样呢？就连在笼中取悦地叫一声主人名字的资格都丧失了。

和诗人舒婷合影

在这样一种难维自尊的人生境况中，薛涛也只有"不结同心人，空结同心草"；也只有"但娱春日长，不管秋风早"；也只有"唱到白苹洲畔曲，芙蓉空老蜀江花！"……

如果说薛涛才貌绝佳之年也曾有过什么最大的心愿，那么便是元稹要娶她为妾的承诺了。论诗才，二人其实难分上下；论容颜，薛涛也是极配得上元稹的。但元稹又哪里会对她真心呢？娶一名官妓为妾，不是太委屈自己才子加官僚的社会身份了吗？尽管那等于拯救薛涛于无边苦海。元稹后来是一到杭州另就高位便有新欢，从此不再关心薛涛之命运，连封书信也无。

且看薛涛极度失落的心情：

揽草结同心，将以遗知音。

春愁正断绝，春鸟复哀吟。

薛涛才高色艳年纪轻轻时，确也曾过了几年"门前车马半诸侯"的生活。然那一种生活，是才子们和士大夫官僚们出于满足自己的虚荣和娱乐而恩赐给她的，一时的有点儿像《日出》里的陈白露的生活，也有点儿像《茶花女》中的玛格丽特的生活。不像她们的，是薛涛这一位才华横溢的女诗人自己。诗使薛涛的女人品味远远高于她们。

与薛涛有过芳笺互赠、诗文唱和关系的唐代官僚士大夫，名流雅士，不少于二十余人，如元稹、白居易、牛僧孺、令狐楚、裴度、张籍、杜牧、刘禹锡等。

但今人从他们的诗篇诗集中，是较难发现与薛涛之关系的佐证的。因为他们无论是谁都要力求在诗的史中护住自己的清名。尽管在当时的现实生活中他们并不在乎什么清名不清名的，官也要当，诗也要作，妓也要狎……

与薛涛相比，鱼玄机的下场似乎更是一种"孽数"。玄机亦本良家女子，唐都长安人氏。自幼天资聪慧，喜爱读诗，及十五六岁，嫁作李亿妾。"大妇妒不能容，送咸宜观出家为女道士。在京中时与温庭筠等诸名士往还颇密"。其诗《赠邻女》，作于被员外李亿抛弃之后：

> 羞日遮罗袖，愁春懒起妆。
>
> 易求无价宝，难得有心郎。
>
> 枕上潜垂泪，花间暗断肠。
>
> 自能窥宋玉，何必恨王昌。

从此，觅"有心郎"，乃成玄机人生第一大愿。既然心系此愿，自是难以久居道观。正是——"欲求三清长生之道，而未能忘解佩临枕之欢"。于是离观，由女道士而"女冠"。所谓"女冠"，亦近艺，只不过名分上略高一等。她的大部分诗中，皆流露出对真爱之渴望，对"有心郎"之慕求的主动性格。修辞有时含蓄，有时热烈，浪漫且坦率。是啊，对于一位是"女冠"的才女，还有比"自能窥宋玉，何必恨王昌"这等大胆自白更坦率的吗？

然虽广交名人、雅士、才子，于他们中真爱终不可得，也终未遇见什么"有心郎"。倒是一次次地、白白地将满心怀的缠绵激情和热烈之恋空抛空撒，换得的只不过是他们的逢场作戏对她的打击。

有次，"一位与之要好的男客来访，她不在家。回来时婢女绿翘告诉了她，她反疑心婢女与客人有染，严加答审，至使婢女气绝身亡"。

此时的才女鱼玄机，因一番番深爱无果，其实心理已经有几分失常。事发，问斩，年不足三十。

悲也夫绿翘之惨死！

骇也夫玄机之猜祸！

《全唐诗》纳其诗四十八首，仅次于薛涛，几乎首首皆佳，诗才不让薛涛。

更可悲的是，生前虽与温庭筠情诗唱和频繁，《全唐诗》所载温庭筠全部诗中，却不见一首温回赠她的诗。而其诗中"如松匪石盟长在，比翼连襟会肯迟"句，则成了才子与"女冠"之亲密接触的大讽刺。

在诗才方面，与薛涛、鱼玄机三璧互映者，当然便是李冶了。她"美姿容，善雅谑，喜丝弦，工格律，生性浪漫，后出家为女道士，与当时名士刘长卿、陆羽、僧皎然、朱放、阎伯钧等人情意相投"。

玄宗时，闻一度被召入宫。后因上书朱泚，被德宗处死。也有人说，其实没迹于安史之乱。

冶之被召入宫，毫无疑问不但因了她的多才多艺，也还得幸于她的"美姿容"。官门拒丑女，这是常识，不管是多么的才艺双全。入宫虽是一种"荣耀"，却也害了她。倘她的第一种命运属实，那么所犯乃"政治罪"也。即使其命运非第一种，是第二种，想来也肯定凶多吉少——一名"美姿容"的小女子，且无羽庇护，在万民流离的战乱中还会有好的下场吗？

《全唐诗》中，纳其诗18首，仅遗于世之数。

冶诗殊少绮罗香肌之态，情感真切，修辞自然。

今我读其诗，每觉下阕总是比上阕更好。大约因其先写景境，后陈心曲，而心曲稍露，便一向能拨动读者心弦吧。所爱之句，抄于下：

溢城潮不到，夏口信应稀。

唯有衡阳雁，年年来去飞。

其盼情诗之殷殷，令人怜怜不已。以"潮不到"之对"信应稀"，可谓神来之笔。

又如：

远水浮仙棹，寒星伴使车。

因过大雷岸，莫忘八行书。

郁郁山木荣，绵绵野花发。

别后无限情，相逢一时说。

驰心北阙随芳草，极目南山望旧峰。

桂树不能留野客，沙鸥出浦谩相逢。

……薛涛也罢，鱼玄机也罢，李冶也罢，她们的人生主要内容之一，总是在迎送男人。他们皆是文人雅士，名流才子。每有迎，那一份欢欣喜悦，遍布诗中；而每送，却又往往是泥牛入海，连她们殷殷期盼的"八行书"都再难见到。然她们总是在执着而又迷惑地盼盼盼，思念复思念，"才下眉头，却上心头"。

唐代女诗人中"三璧"之名后，要数关盼盼尤须一提了。她的名，似乎可视为唐宋两代女诗人、女词人们的共名——"盼盼"，其名苦也。

关盼盼，徐州妓也，张建封纳为妾。张殁，独居鼓城故燕子楼，历十余年。白居易赠诗讽其未死。盼盼得诗，注曰："妾非不能死，恐我公有从死之妾，玷清范耳。"乃和白诗，旬日不食而卒。

那么可以说，盼盼绝食而亡，是白居易以其大诗人之名压迫的结果。作为一名妾，为张守节历十余年，原本不关任何世人什么事，更不关大诗人白居易什么事。家中宠着三姬四妾的大诗人，却竟然作诗讽其未死，真不知是一种什么样的心理使然。

其《和白公诗》如下：

自守空楼敛恨眉，形同春后牡丹枝。

舍人不会人深意，讶道泉台不去随。

遭对方诗讽，而仍尊对方为"白公"、"舍人"，也只不过还诗略作"舍人不会人深意"的解释罢了。此等洪量，此等涵养，虽卑为妓、为妾，实在白居易们之上也！而《全唐诗》的清代编辑者们，却又偏偏在介绍关盼盼时，将白居易以诗相嘲致其绝食而死一节，白纸黑字加以注明，真有几分"盖棺定论"。不，"盖棺定罪"的意味。足见世间自有公道在，是非曲直，并不以名流之名而改而变！

且将以上四位唐代杰出女诗人们的命运按下不复赘言，再说那些同样极具诗才的女子们，命善者实在无多。

如步非烟——"河南府功曹参军之妾，容质纤丽，善秦声，好文墨。邻生赵象，一见倾心。始则诗笺往还，继则逾垣相从。周岁后，事泄，惨遭答毙。"

想那参军，必半老男人也。而为妾之非烟，时年也不过二八有余，倾心于邻生，正所谓青春恋也。就算是其行该惩，也不该当夺命。活活鞭抽一纤丽小女子至死，忒狠毒也。

其生前《赠赵象》诗云：

相思只恨难相见，相见还愁却别君。

愿得化为松上鹤，一双飞去入行云。

正是，爱诗反罗诗祸，反为诗死。

唐代的女诗人们命况悲楚，宋代的女词人们，除了一位李清照，因是名士之女，又是太学士之妻，摆脱了为姬、为妾、为婢、为妓的"粉尘"人生而外，她们十之七八亦皆不幸。

如严蕊——营妓。"色艺冠一时，间作诗词，有新语，颇通古今"。

宋时因袭唐风，官僚士大夫狎妓之行甚糜。故朝廷限定——地方官只能命妓陪酒，不得有私情，亦即不得发生肉体上的关系。官场倾轧，一官诬另一官与蕊"有私"，株连于蕊，被拘入狱，倍加捶楚。蕊思己虽身为贱妓，"岂可妄言以污士大夫"，拒作伪证。历两月折磨，委顿几死。而那企图使她屈打成招的，非别个，乃因文名而服官政的朱熹是也。后因其事闹到朝廷，朱熹改调别处，严蕊才算结束了牢狱之灾，刑死之祸。时人因其舍身求正，誉为"妓中侠"。宋朝当代及后代词家们，皆公认其才仅亚薛涛。

"不是爱风尘，似被前缘误"之名句，即出严蕊《卜算子》中。

如吴淑姬——本"秀才女，慧而能诗，貌美家贫，为富室子所占有，或诉其奸淫，系狱，且受徒刑"。

其未入狱前，因才色而陷狂蜂浪蝶们的迫猎重围。入狱后，一批文人雅士前往理院探之。时冬末雪消，命作《长相思》词。稍一思忖，捉笔立成：

> 烟菲菲，雨菲菲，雪向梅花枝上堆，春从何处回？
>
> 醉眼开，睡眼开，疏影横斜安在哉，从教塞管催。

如朱淑真、朱希真都是婚姻不幸终被抛弃的才女。二朱中又以淑真成就大焉，被视为是李清照之后最杰出的女词人。坊间相传，她是投水自杀的。

如身为营妓而绝顶智慧的琴操，在与苏东坡试作参禅问答后，年华如花遂削发为尼。在妓与尼之间，对于一位才女，又何谓稍强一点儿的人生出路呢？

如春娘——苏东坡之婢。东坡竟以其换马。春娘责曰："学士以人换马，贵畜贱人也！"口占一绝以辞：

> 为人莫作妇人身，百般苦乐由他人。
>
> 今日始知人贱畜，此生苟活怨谁嗔！

文人雅士名流间以骏马易婢，足见春娘美婢也。

这从对方交易成功后沾沾自喜所做的诗中便知分晓：

> 不惜霜毛雨雪蹄，等闲分付赎娥眉，
>
> 虽无金勒嘶明月，却有佳人捧玉卮。

以美婢而易马，大约在苏东坡一方，享其美已足厌矣。而在对方，也不过是又得了一名捧酒壶随侍左右的漂亮女奴罢了。春娘下阶后触槐而死。

如温琬——当时京师士人传言："从游蓬岛宴桃源，不如一见温仲青。"而太守张公评之曰："桂枝若许佳人折，应作甘棠女状元。"

虽才可做女状元，然身却为妓。

其《咏莲》云：

> 深红出水莲，一把藕丝牵。
>
> 结作青莲子，心中苦更坚。

其《书怀》云：

> 鹤未远鸡群，松梢待拂云。
>
> 凭君视野草，内自有兰薰。

字里行间，鄙视俗士，虽自知不过一茎"野草"，而力图保持精神灵魂"苦更坚"、"有兰薰"圣洁志向，何其令人肃然！

命运大异其上诸才女者，当属张玉娘与申希光。

玉娘少许表兄沈佺为妻，后父母欲攀高门，单毁前约。其表兄沈佺因之悒病而卒。玉娘乃以死自誓，亦以忧卒，遗书请与同葬于枫林。

其《浣溪沙》词，字句皆呈幽冷萧瑟之美，独具风格。云：

> 玉影无尘雁影来，绕庭荒砌乱蛩哀，谅窥珠箔梦初回。
>
> 压枕离愁飞不去，西风疑负菊花开，起看清秋月满台。

玉娘不仅重情宁死，且还是南宋末世人公认之才女。卒时年仅十八岁。

申屠希光则是北宋人，十岁便善词，十五岁嫁秀才董昌。后一方姓权豪，垂涎其美，使计诬昌重罪，杀昌至族。灭门诛族之罪，大约是被诬为反罪的吧？于是其后求好于希光，伊知其谋，乃佯许之，并乞葬郎君及遭诛族人，密托其孤于友，怀利刃往，是夜刺方于帐中，诈为方病，呼其家人，先后尽杀之。斩方首，祭于昌坟，亦自刎颈而亡。

其《留别诗》云：

> 女伴门前望，风帆不可留。
>
> 岸鸣蕉叶雨，江醉蓼花秋。
>
> 百岁身为累，孤云世共浮。
>
> 泪随流水去，一夜到闽州。

申屠希光肯定是算不上一位才女的了，但"岸鸣蕉叶雨，江醉蓼花秋"，亦堪称诗词中佳句也。

唐诗巍巍，宋词荡荡。观其表正，则仅见才子之文采飞扬，雅士之舞文弄墨，大家之气吞山河，名流之流芳千古。若亦观其背反，则多见才女之命乖运舛，无可奈何地随波逐流。如苏轼词句所云："似花还似非花，也无人惜从教坠。"更会由衷地叹服她们那一种几乎天生的与诗与词的通灵至慧，以及她们诗品的优美，词作的灿烂。

我想，没有这背反的一面，唐诗宋词断不会那般的绚丽万端、瑰如珠宝吧？

我的意思不是一种衬托的关系。不，不是的。我的意思其实是——未尝不也是她们本身和她们的才华，激发着、滋润着、养育着那些以唐诗、以宋词而在当时名噪南北，并且流芳百代的男人们。

背反的一面以其凄美，使表正的一面的光华得以长久地辉耀不衰；而表正的一面，又往往直接促使背反的一面，令其凄美更凄更美。

当然，有些男性诗人词人，其作是超于以上关系的，如杜甫，如辛弃疾等。

但以上表正与背反的关系，肯定是唐诗宋词的内质量状态无疑。

所以，我们今人欣赏唐诗宋词时，当想到那些才女们，当对她们心怀感激和肃然。仅仅有对那些男性诗人词人们的礼赞，是不够的。尽管她们的名字和她们的才华，她们的诗篇和词作，委实是被埋没和漠视得太久太久了。

这一唐诗宋词之现象，是很中国特色的一种文化现象。清朝因是外族统治的朝代，与古代汉文化的男尊女卑没有直接的瓜葛，所以《全唐诗》才会收入了那么多姬、妾、婢、妓之诗。若由唐朝的文人士大夫们自选自编，结果怎样，殊难料测也……

论雨果

——夹在铁钳齿口的作家

《九三年》是雨果的最后一部长篇小说。它在一八七三年出版时，雨果已经七十一岁了。

十二年后的五月十八日，雨果患肺炎，身体开始虚弱。

他在病中说："欢迎死神来临！"

五月二十二日，雨果从昏迷中醒来，又说："大幕降落，我看见了黑色的光明……"

只有他的孙儿和孙女听到了此话，那是他留给世界的最后一句话。

生前，他在遗嘱中添加了如下内容：

将五万法郎送给穷苦人，希望躺在他们的柩车里去墓地……

拒绝任何教堂的祈愿，而要求为所有的灵魂祷告……

我相信上帝。

雨果一生和宗教的关系怨怨和和。

在他还是一个青年的时候，他的第一部长篇小说《巴黎圣母院》，便使他成为令宗教咬牙切齿的文化敌人。

在他中年的时候，他却又用他的笔塑造了一位与《巴黎圣母院》中虚伪丑恶至极的教士福娄洛截然相反的教会人物——《悲惨世界》中的米里哀主教，其无私和仁慈几近完美，简直就如同上帝本人的人间化身。米里哀主教是欧洲文学史上最高尚的教会人物。

"我相信上帝"一句话中的"上帝"，对于雨果这一位全欧洲最具有哲学家和思想家气质的诗人、作家，究竟意味着什么呢？他所言的"上帝"是一位神，抑或是一条"真理"？除了他自己，没有人清楚。

雨果和宗教的关系，与薄伽丘和宗教的关系相似。后者在四十岁那年完成了《十日谈》，于是受到宗教审判。其晚年不但皈依上帝，而且干脆想去做一名教士。

在欧洲，像雨果和薄伽丘一样，与宗教发生怨怨和和之关系的文化人物不在少数。他们与宗教的关系最终皆以和而告终——这是特别耐人寻味的西方文化现象……

雨果终生不悔的，乃是他与法兰西共和国那一种唇亡齿寒、一荣俱荣、一毁俱毁的关系；是与他的《人权宣言》休戚与共的关系；是与底层民众同呼吸共命运的关系。

正是这一种关系，令他的人生起伏跌宕。他曾在共和国的普选中成为得票率第二多的国民公会的议员；也曾被复辟了的波拿巴王朝驱逐出境，度过了近二十年的流亡岁月。当局还下达过对他的通缉令，宣布："捉住或打死雨果的人，可获两万五千法郎赏金。"

雨果曾满怀深情地在日记中写道："我之所以没有被逮捕，也没有被枪杀，而能活到今天，全凭了朱丽叶·德鲁埃夫人。是她冒着失去个人自由乃至生命的危险，为我排除一个个陷阱，丝毫不松懈地保护我，为我不断寻找安全的避难所。"

朱丽叶——雨果终生的"红颜知己"。

雨果对流亡的回答是——拒绝一切赦免。

他在拒绝书上写道："如果只剩下十个人（不忏悔者），我将是那第十名。如果唯余最后一人，那就是我。"

雨果在流亡时期依然是坚定不移的反对封建王朝的战士。他写下了《惩儒拿破仑》、《惩罚集》、《静观集》等一系列讨伐共和国"共和"原则之敌的战斗檄文……

雨果是一个满怀政治正义感的激情和深情的爱国者。

古今中外名垂史册的诗人们和作家们几乎都是如此这般的爱国者。

但雨果的不同在于，从法兰西诞生了共和国那一天起，他所爱的便只有以《人权宣言》为国家信条的法国了。

从此他不能再爱另一种法国。

也不能认为，法国再变成一个什么样的国家，跟他是毫无关系的事情。

于是一切企图背叛《人权宣言》的人，也都必然成为他的敌人。

一个事实乃是，在他和他的敌人之间，他从未妥协过。复辟势力获胜以后，路易·波拿巴在登基典礼刚一结束时便迫不及待地单独召见雨果，希望雨果能转变立场成为他的支持者。而雨果即使在王权主动向自己示好的情况之下，也并没有受宠若惊。他当面坚持他的共和思想。他在日记中记述那一次谈话时，曾用"愚蠢透顶"来形容新的国王……

正因为雨果是这样的，所以在他逝世以后，法国政府决定将他的遗体停放在巴黎凯旋门供民众瞻仰，然后举行国葬。

当时还是记者的罗曼·罗兰这样描写那些民众夜里守灵时的情景："在协和广场，在法国的所有城市，人们都在哀悼……在一束束鲜花、一堆堆花圈中，显现穷人的黑色柩车，上面只放着两个玫瑰花环。那是最后的一次对照了。二百万人跟随着灵车，从星形广场将诗翁穷酸的棺材送进了先贤祠……"

此种宏大场面使维持治安的骑警们深感震撼。

法国是全世界的第一革命摇篮。

在一七八九年，欧洲发生了两桩大事件——

美利坚合众国诞生，于是有了《独立宣言》；巴黎的起义人民攻占了象征封建专制王朝最后堡垒的巴士底狱，于是有了《人权宣言》。

这两份宣言的基本内容和精神是一致的，那就是民主的国家原则加上自由、平等、博爱的人权和人道义务。

雨果对于这两桩大事件的评论是"赶走民族的敌人只需十五天，而推翻一个封建王朝却得用一千五百年"。意思是取得美国独立战争决定性胜利的一役，是一场历时十五天的战役；而在一千五百余年中，法国人民发动了大大小小无数次起义，才彻底推翻了封建王朝。

没有确凿的根据可以证明——没有法国的革命，就一定没有后来俄国的革命，就一定没有后来中国的革命，就一定没有后来发生在许多国家里的无产阶级革命……

没有确凿的根据可以证明——没有《人权宣言》，就没有后来的《共产党宣言》……

但有确凿的根据可以证明——没有巴黎公社，就没有后来在世界各地不胫而走的一个惊心动魄的词汇——"革命"……

但有确凿的根据可以证明——伏尔泰、卢梭、孟德斯鸠、罗伯斯庇尔、马拉、巴贝夫这样一些法国知识分子，与"革命"有着生死与共的关系。在伏尔泰、卢梭之前，人类历史上没有什么"革命"，只有起义、造反、暴动而已。在孟德斯鸠之前，王权即国家。在罗伯斯庇尔、马拉、巴贝夫之前，世上没有"革命者"……

雨果是他们的信徒。是诗人和作家的雨果，也具有绘画的天分，他曾创作过两幅油画——《风暴中的大树》和《我的命运》。

在《九三年》中，雨果通过郭文这一共和国联军司令官之口，说出了他对"革命"的感受——病朽的大树将在风暴中倒下，长青之树将在风暴中生长。新世界诞生以前，清扫是必要的。这是一种要靠流血和牺牲来进行的"工作"，一种伟大的"工作"……

而《我的命运》，画的是一只被海浪拱起的帆船；看起来，它随时都可能会"粉身碎骨"。

雨果是早有准备接受更凶险的命运的……

"革命"是有潜伏期的；法国大革命之前的欧洲动荡不安……

闵采尔在德国领导了农民起义，因此遭受酷刑之后被砍头……

相应的，革命国人民斩下了查理一世的头……

而美国独立了。

《独立宣言》的基本思想，其实便是伏尔泰和卢梭"天赋人权"的思想……

正是——我家长花他家开。

这对于饱受封建专制之苦的法国人，是一种刺激……

于是——

一七八九年七月十四日，法国巴黎的起义人民推翻了王权的专制统治。但大资产阶级和自由派贵族们仍暗中庇护着国王……

一七九二年八月九日，巴黎民众又举行了起义，掠走了国王路易十六，并将其囚禁……

九月二十一日，由普选产生的国民公会开幕，通过了废除君主立宪制的议案，宣布法西兰第一共和国成立……

其后，国王路易十六和他的王后被推上了断头台……

先后被断头台斩下头颅的还有王室的其他成员，以及企图营救国王和王后的保王党勇士。是的，那些明知山有虎，偏向虎山行的保王党分子，他们也是完全当得起"勇士"二字的。他们站立在断头台上视死如归，一齐高呼"国王万岁"……

根据《法国革命史》一书的记载，成千上万围观的民众霎时肃静。

勇敢是不分阶级的，每一个阶级都有自己的勇士。

第一共和国将国王和王后斩首的做法，使整个欧洲震惊。这反而激怒了保王党残余势力，在英国等外国干涉军的支持之下，各地保王党纠集残军，发动暴乱，对革命实行血腥报复。并且，他们决定攻占巴黎。而共和国的军队中，也一再有高级将领叛变或预谋叛变。在巴黎，执政的一派叫"吉伦特派"，他们多由资产阶级人士和贵族民主人士组成。他们对于激进的革命开始心生厌烦，打算里应外合。于是巴黎民众发动了第三次起义，推翻了"吉伦特派"，将自己更信任的"雅各宾派"选举为"领导核心"。这是由平民知识分子组成的政治派别，他们倒是对民众的一次次暴力色彩的起义习以为常了。

雅各宾派临危受命号召人民，任派将领，指挥军队，击退敌人，肃清内奸，挽救和保卫共和国……

这就是法国的一七九三年。

这就是雨果的《九三年》的大背景。

《九三年》中的三个主要人物是两个相互仇恨的阵营的代表，而且是那两个阵营的高级代表人物。故他们更具有代表性。两个阵营之间的深仇大恨，被他们"代表"得淋漓尽致。

一方的口号是"国王万岁！"

另一方的口号是"共和国万岁！"

双方都不乏喊着口号的英雄，喊着口号慷慨就义的"勇士"——或者，用鲁迅的说法——"猛人"。

一方要恢复一种国家秩序。那种秩序将人分成高低贵贱的等级，靠"法"来实行所谓"高贵"的人对"低贱"的人的专制。其专制权力的象征是国王。这一种专制已经持续了千百年，这本身似乎便意味着是一种理所当然的理由。"钟表匠的儿子做议员，贵族的看门人居然成了将军"——这样的事发生了，在他们看来是一个国家的奇耻大辱……

另一方用猛烈的暴力摧毁了以上一种国家秩序。他们认为那是他们的权力，是"天赋"之"人权"，是绝对正当的。他们有自己的思想家，便是伏尔泰和卢梭。伏尔泰告诉他们——反对平等就是反对道德；只有高贵的心灵，没有高贵的阶级。而卢梭告诉他们，国家必须体现人民的意志，政治的职责仅仅是执行"公意"，而不是人民的主人。如果政府无视人民的"公意"，人民则有权力推翻它……

保卫共和国的阵营说："一个也不宽大！"

要复辟王权的阵营说："一个也不饶恕！"

前一个阵营提醒自己："不睡觉，也不怜悯。"

后一个阵营勉励自己："利用一切，提防一切，拼命杀人。"

前一个阵营意识到，自己必须流更多的血，牺牲更多的生命。必须在所不惜。

后一个阵营意识到，他们"需要一个领袖和火药"。而那个领袖，"只要有利嘴和爪子就行"。——总而言之，需要"一个铁腕人物，一个掌刀的，真正的刽子手"！——电影《列宁在十月》中资产阶级政客们的话语。

前一个阵营说：如果共和国不存在了，我们的命运又将如何？

后一个阵营说：弑君者们斩下了路易十六的头，我们要把弑君的人肢解。

……

雨果在《九三年》中，通过人物的对话，将阶级与阶级，"豺狼与豺狼"之间不可调和的，你死我活的仇恨，呈现得令读者不寒而栗。

如果一个人不但是一个坚决拥护共和制度的人，而且还是一个不折不扣的人道主义至上的人，那么他将拿自己怎么办呢？

偏偏，雨果正是这样的一个人。

共和制度——雨果所要也。

人道主义——雨果所要也。

于是，雨果便被钳在一把巨钳的齿口间了。他在忍着他所感受到的思想疼痛的同时，仍带着呻吟般的声调高喊着他自己的口号："在绝对正确的革命之上，是绝对正确的人道主义！"

因为他认为革命是"绝对正确的"，所以也不可能不是保王党阵营的敌人。

因为他居然认为人道主义原则高于革命原则，后来的革命家们一致将他视为一个仅仅同情革命的同路人而已。

郎德纳克——一个保王党阵营所需要的，"有着利嘴和爪子"的人物；一个本身即是亲王的人物；一个身负使命并且极具使命感的人物；一个十分明白自己在干什么的人。为了完成自己的使命他一往无前，可以做到不动声色地杀死任何一个人，以及成千上万的人；可以做到连正在哺乳着的母亲也不放过。当然，他不需要亲自动手。他只下达命令。在他的命令下，敌人不但应被杀死，而且任由部下去肢解。他冷静、果敢、意志坚定，自己也可以做到从容赴死。

最重要的是，他有他的一套关于国家的理念。

他认为："假使伏尔泰被吊死，卢梭被送去当苦工囚犯，这一切（革命）就不至于发生了！有思想的人是怎样的灾祸啊！一切都是那些烂文人和坏诗人引起的！还有百科全书！狄德罗！达郎拜尔！这些可恶的无赖！我们这一帮人都是执法者。你可以看见这里（牢狱）墙上分尸轮的痕迹。我们并不开玩笑，我们不要舞文弄墨的人！只要有烂文人在东涂西抹，就会产生颠覆秩序的人！只要有墨水，就永远有污点。只要有人拿着笔，那些毫无价值的言论就会变成造反的暴行！书籍传播罪恶！人权！人民的权力！都是十分空洞、可笑、虚妄而该死的胡扯！……"

倘秦始皇地下有灵，肯定也会为郎德纳克大鼓其掌。因为后者替他"焚书坑儒"的暴行做了"精彩绝伦"的辩护。

一个在东方，一个在西方，相隔一千几百年，理念却是那么一致。

由此可见，只要一个社会是害怕和仇恨思想的，它骨子里就必是迷恋封建专制的。

正是一个这样的郎德纳克，居然在从共和国联队的包围圈中逃脱以后，为了救出三个陷于火海中的穷人的孩子，竟又自投罗网地回到了包围圈里……

他是比沙威"高级"得多的沙威。

于是，他的人性的"复归"，也似乎比沙威"高级"得多。

雨果塑造了一个他希望看到的人。

因为他在现实中所见的那样的人太少了。尤其是在两个阵营你死我活地进行搏斗的情况之下，那样的人更少。

理想主义者有时难免像一相情愿的好孩子。

郭文——他既是共和国联军的总司令官，也是一个有贵族血统的人。他是卓越的年轻将军，是共和国的忠诚保卫者。他的使命就是捉到郎德纳克，审判后者，绞死后者。消灭了郎德纳克，共和国就多了一分安全。他捉住了敌方阵营的最高将领，却又放了。因为，将一个不惜牺牲自己生命而拯救三个穷人的孩子的生命的人送上断头台，那是他根本做不到的。同样的事郎德纳克做起来却会毫不犹豫。怎样对待三个孩子和怎样对待死敌，在郎德纳克的头脑中是两码事。在郭文看来却是同样的事——都是人应该怎样对待人的问题……

郭文明知自己将会因此而被共和国的军事法庭处死。事实上也是那么一种结果。但是他无怨无悔。他不但从容镇定，而且几乎是心甘情愿地充满快意地赴死。他认为——革命所实现了的共和国，其实并不是他最终想要的共和国。他想要的共和国是更理想的一种共和国。那样的共和国不是把人变为它的"兵蚁"，而是要把人变成公民，使每一个人都变成有思想的人，仁慈的人……

在《九三年》中，人物之间精彩的对话比比皆是。而郭文与西穆尔登的对话之精彩，在我看来简直是无出其上的。这是一位革命的现实主义思想家和一位革命的理想主义思想家之间的"高峰辩论"。

西穆尔登曾是郭文的思想导师。他们之间曾有思想上的父子般的亲情。但是西穆尔登作为共和国的一位最高执法者，必须依照共和国的军事法律判处郭文死刑。

西穆尔登是共和国的缔造者之一，是共和国的思想之父。他确信，在社会的结构里，只有用极端的办法才能巩固政权。仅就此点而言，郎德纳克要巩固的政权和他所要的巩固政权是不一样的政权。

西穆尔登确信必须而且只能用同一种方法来巩固不一样的政权。他为共和国而实行恐怖统治。"他享有冷酷无情的人的权威。他是一个自认为不会犯错误无懈可击的人。他是社会法则的化身。是不能近的，冰冷的，是一个可怕的正直的人。"

他是共和国阵营中的郎德纳克。

他的思想"像箭一样直射目标"。

而雨果的结论是——在社会发展中，"直线是可怕的"。

而郭文在思想上背叛了西穆尔登。

正如亚里士多德后来在哲学上否定自己的老师柏拉图。

郭文的头被斩下来了。

西穆尔登在那同时也开枪自杀了。

因为经由与郭文的一番思想辩论，他不得不承认——他的学生，他的思想的儿子，"走到他前边去了"。甚至简直也可以说，他的思想的儿子，反过来变成他的思想之父了。

但导致他自杀的绝不是嫉妒，而是悲哀。他因为自己的处境而悲哀。

一个思想者，他的眼一旦看清了将来必是怎样的，他的理智就难以面对现实了。将来要引导他成为仁者，现在却要求他继续杀人。他、郭文和雨果一样，都被夹在巨钳的齿口了。他或者成为一对钳柄中的一柄，或者在巨钳的齿口被夹碎。

郭文选择了被杀。

西穆尔登选择了自杀。

雨果是幸运的——因为他既不是共和国的联军总司令官，也不是共和国的最高法官。

所以实际上被夹住的只不过是他的思想……

革命是血流成河尸横遍野的事。

所以它既是某些知识分子的正义感所预言、所同情甚至声援的事，也往往是令他们双手遮眼的事。

知识分子要成为彻底的革命家，仅仅自己不怕死是不够的，还必须成为习惯于看到别人身首异处的人。

许多知识分子都过不了这一关。

革命家便讥嘲他们天生怯懦。

其实，大多数的他们，只不过是心软。

所以，后来的列宁教诲高尔基："把怜悯丢掉吧，高尔基同志！……"

在我读过的小说中，如果由我指出哪一部的对话和议论是最棒的，那么当然是《九三年》。

在这一部长篇小说中，连普通士兵们、水手和流浪汉的话语，都是值得人咀嚼再三的。

至于那些议论，许多早已成为格言。

《九三年》——它既是一部小说，也是一部文学化了的世界近代史。其后在俄国，在中国，在许多国家爆发的革命，都上演过法国的《九三年》的那一种血雨腥风，都产生过西穆尔登或郎德纳克式的人物……

偶尔，也产生郭文式的悲剧……

即使到了今天，在世界的某些地方，某些国家，仍有他们的幽灵在呼风唤雨。

在中国还有没有，我就委实说不准了……

时评论道

民间乃莫衷一是之概念。模糊。

我所谓的民间，是将伟人、达官、名流、富商巨贾们划入另册，所剩的那一部分人间。

在古代，曰"苍生"的那一部分人间。

我发誓，绝无挑拨的居心……

思考者，旧照一张

为什么我们对平凡的人生深怀恐惧

"如果在三十岁以前，最迟在三十五岁以前，我还不能使自己脱离平凡，那么我就自杀。"

"可什么又是不平凡呢？"

"比如所有那些成功人士。"

"具体说来。"

"就是，起码要有自己的房、自己的车，起码要成为有一定社会地位的人吧？还起码要有一笔数目可观的存款吧！"

"要有什么样的房，要有什么样的车？在你看来，多少存款算数目可观呢？"

"这，我还没认真想过……"

以上，是我和一名大一男生的对话。那是一所较著名的大学，我被邀讲座。对话是在五六百人之间公开进行的。我觉得，他的话代表了不少学子的人生志向。

我已经忘记了我当时是怎么回答的。然此后我常思考一个人的平凡或不平凡，却是真的。

平凡即普通。平凡的人即平民。《新华词典》特别在括号内加注——泛指区别于贵族和特权阶层的人。

做一个平凡的人真的那么令人沮丧么？倘注定一生平凡，真的毋宁三十五岁以前自杀么？

我明白那大一男生的话只不过意味着一种"往高处走"的愿望，虽说得郑重，其实听的人倒是不必太认真的。但我既思考了，于是发觉出了我们这个社会和我们这个时代近十年来一直所呈现着的种种文化倾向的流弊，那就是——在中国还只不过是一个发展中国家的现阶段，在普遍之中国人还不能真正过上小康生活的情况下，中国的当代文化，未免过分"热忱"地兜售所谓"不平凡"的人生的招贴画了，这种宣扬尤其是广告兜售几乎随处可见。

而最终，所谓不平凡的人的人生质量，在如此这般的文化那儿，差不多又总是被归结到如下几点——住着什么样的房子，开着什么样的车子，有着多少资产，于是社会给以怎样的敬意和地位；于是，倘是男人，便娶了怎样怎样的女人……

二三十年代的中国，也很盛行过同样性质的文化倾向。体现于男人，那时叫"五子登科"，即房子、车子、位子、票子、女子。一个男人如果都追求到了，似乎就摆脱平凡了。同样年代的西方的文化，也曾呈现过类似的文化倾向。区别乃是，在他们的文化那儿，是花边，是文化的副产品；而在我们这儿，在七八十年后的今天，却仿佛的渐成文化的主流。这一种文化理念的反复宣扬，折射着一种耐人寻味的逻辑——谁终于摆脱平凡了，谁理所当然地是当代英雄？谁依然平凡着甚至注定一生平凡，谁是狗熊。并且，每有俨然是以代表文化的文化人和思想特别"与时俱进"似的知识分子，话时话外地帮衬着造势，暗示出更其伤害平凡人的一种逻辑，那就是，一个时事造英雄的时代已然到来，多好的时代！许许多多的人不是已经争先恐后地不平凡起来了么？你居然还平凡着，你不是狗熊又是什么呢？

一点儿也不夸大其词地说，此种文化倾向，是一种文化的反动倾向。和尼采的所谓"超人哲学"的疯话一样，是漠视、甚至鄙视和辱没平凡人之社会地位以及人生意义的文化倾向，是反众生的，是与文化的最基本社会作用相悖的。它对于社会和时代的人文成分结构具有破坏性。在这样的文化背景下成长起来的中国下一代，如果他们普遍认为最远三十五岁以前不能摆脱平凡便莫如死掉算了，那是毫不奇怪的。

人类社会的一个真相是，而且必然永远是一牢固地将普遍的平凡的人们的社会地位确立在第一位置，不允许任何意识之形态动摇它的第一位置，更不允许它的第一位置被颠覆。这乃是古今中外的文化的不二立场。像普遍的平凡的人们的社会地位的第一位置一样神圣。当然，这里所指的，是那种极其清醒的、冷静的、客观的、实事求是的、能够在任

在政协会议上发言

何时代都"锁定"人类社会真相的文化；而不是那种随波逐流的、嫌贫爱富的、每被金钱的作用左右得晕头转向的文化。那种文化只不过是文化的泡沫。像制糖厂的糖浆池里泛起的糖浆沫。造假的人往往将其收集了浇在模子里，于是"生产"出以假乱真的"野蜂窝"。

文化的"野蜂窝"比街头巷尾地摊上卖的"野蜂窝"更是对人有害的东西。后者只不过使人腹泻，而前者紊乱社会的神经。

当社会还无法满足普遍的平凡的人们的基本愿望时，文化中最清醒的那一部分思想，应时时刻刻提醒着社会来关注此点。而不是反过来用所谓不平凡的人们的种种生活方式刺激前者。尤其是，当普遍的平凡的人们的人生能动性，在社会转型期受到惯力的严重甩掷，失去重心而处于茫然状态时，文化中最清醒的那一部分思想，不可错误地认为他们已经不再是地位处于社会第一位置的人们了。

无论过去、现在、还是将来，平凡而普通的人们，永远是一个国家的绝大多数人。任何一个国家存在的意义，都首先是以他们的存在为先决条件的。

一半以上不平凡的人皆出自于平凡的人之间。这一点对于任何一个国家都是同样的。因而平凡的人们的心理状态，在一定程度上几乎成为不平凡的人们的心

理基因。

倘文化暗示平凡的人们其实是失败的人们，这的确能使某些平凡的人们通过各种方式变成较为"不平凡"的人；而从广大的心理健康的、乐观的、豁达的、平凡的人们的阶层中，也能自然而然地产生较为"不平凡"的人们。后一种"不平凡"的人们，综合素质将比前一种"不平凡"的人们方方面面都优良许多。因为他们之所以"不平凡"起来，并非由于害怕平凡。所以他们"不平凡"起来以后，也仍会觉得自己们其实很平凡。

而一个连不平凡的人们都觉得自己们其实很平凡的人们组成的国家，它的前途才真的是无量的。反之，若一个国家里有太多这样的人——只不过将在别国极平凡的人生的状态，当成在本国证明自己是成功者的样板，那么这个国家是患着虚热症的。好比一个人脸色红彤彤的，不一定是健康；可能是肝火，也可能是结核晕。

我们的文化，近年以各种方式向我们介绍了太多太多的所谓"不平凡"的人士们了，而且，最终往往的，对他们的"不平凡"的评价总是会落在他们的资产和身价上。这是一种穷怕了的国家经历的文化方面的后遗症。以至于某些呼风唤雨于一时的"不平凡"的人，转眼就变成了些行径苟且的、欺世盗名的、甚至罪状重叠的人。

积极的人生不妨做减法

人生要像手机那样不断增添功能吗?

某日，几位青年朋友在我家里，话题数变之后，热烈地讨论起了人生。依他们想来，所谓积极的人生肯定应该是这样的：使人生成为不断地"增容"的过程，才算是与时俱进的，不至于虚度的。

我听了就笑。他们问："您笑是什么意思呢？不同意我们的看法吗？"

我说："请把你们那不断地'增容'式的人生，更明白地解释给我听来。"

便有一人掏出手机放在桌上，指着说："好比人生是这手机，当然功能越多越高级。功能少，无疑是过时货，必遭淘汰。手机必须不断更新换式，人生亦当如此。"

我说："人是有主观能动性的，而手机没有。一部手机，其功能多也罢，少也罢，都是由别人设定了的，自己完全做不了自己的主。所以你举的例子并不十分恰当啊！"

他反驳道："一切例子都是有缺陷的嘛！"

另一人插话道："那就好比人生是电脑。你买一台电脑，是要买容量大的呢，还是容量小的呢？"

我说："你的例子和第一个例子一样不十分恰当。"

他们便七言八语"攻击"我狡辩。

我说："我还没有谈出我对人生的看法啊，'狡辩'罪名无法成立。"

于是皆敦促我快快宣布自己对人生的看法，我说："你们都知道的，我不用手机，也不上网。但若哪一天想用手机了，也想上网了，那么我可能会买小灵通和最低档的电脑。因为只要能通话，可以打出字来，其功能对我就足够了。所以我认为，减法的人生，未必不是一种积极的人生。而我所谓之减法的人生，乃是不断地从自己的头脑之中删除掉某些人生'节目'，甚至连残余的信息都不留存，而使自己的人生'节目单'变得简而又简。总而言之一句话，使自己的人生来一次删繁就简……"

我的话还没说完，他们皆大摇其头曰："反对，反对！"

"如此简化，人生还有什么意思？"

"面对丰富多彩、机遇频频的人生，力求简单的人生态度，纯粹是你们中老年人无奈的活法！"

我说："我年轻时，所持的也是减法的人生态度。何况，你们现在虽然正年轻着，但几乎一眨眼也就会成为中老年人的。某些人之所以抱怨人生之疲惫，正是因为自己头脑里关于人生的'容量'太大太混杂了，结果连最适合自己的那一种人生的方式也迷失了。

而所谓积极的、清醒的人生，无非就是要找到那一种最适合自己的人生方式。一经找到，确定不移，心无旁骛。而心无旁骛，则首先要从眼里删除掉某些吸引眼球的人生风景……"

对方们皆黯然，未领会我的话。

有些事不试也可以知道自己的斤两

我只得又说："不举例了。世界上还没有人能想出一个绝妙的例子将人生比喻得百分之百恰当。我现身说法吧。

我从复旦大学毕业时，正是你们现在这种年龄。我自己带着档案到文化部报到时，接待我的人明明白白地告诉我，我可以选择留在部里的，但我选择了电影制片厂。别人当时说我傻，认为一名大学毕业生留在部级单位里，将来的人生才更有出息。

可以科长、处长、局长地一路在仕途上'进步'着！但我清楚我的心性太不适合所谓的'机关工作'，所以我断然地从我的头脑中删除了仕途人生的一切'信息'。仕途人生对于大多数世人而言，当然意味着是颇有出息的一种人生。

但再怎么有出息，那也只不过是别人的看法。我们每一个人的头脑里，在人生的某阶段，难免会被塞入林林总总的别人对人生的看法。这一点确实有点儿像电脑，若是新一代产品，容量很大，又与宽带连接着，不进入某些信息是不可能的。然而判断哪些信息才是自己所需要的信息，这一点却是可能的。

其实有些事不试也可以知道自己的斤两。比如潘石屹，在房地产业无疑是佼佼者。在电影中演一个角色玩玩，亦人生一大趣事。但若改行做演员，恐怕是成不了气候的，做导演、作家，想必也很吃力。而我若哪一天心血来潮，逮着一个仿佛天上掉下来的机会就不撒手，也不看清那机会落在自己头上的偶然性、不掂量自己与那机会之间的相克因素，于是一头往房地产业钻去的话，那结果八成是会令自己也令别人后悔晚矣的。

说到导演，也多次有投资人来动员我改行当导演的。他们认为观众一定会觉得新奇，于是有了炒作一通的那个点，会容易发行一些。

我想，导一般的小片子，比如电影频道播放的那类电视电影，我肯定是力能胜任的。

六百万投资以下的电影，鼓鼓勇气也敢签约的（只敢一两次而已）。倘言大片，那么开机不久，我也许就死在现场了。我曾说过，当导演第一要有好身体，这是一切前提的前提。爬格子虽然也是耗费心血之事，劳苦人生，但比起当导演，两种累法。前一种累法我早已适应，后一种累法对我而言，是要命的累法……

年轻的客人们听了我的现身说法，一个个陷入沉思。

即使年轻，也须善于领悟减法人生的真谛

我最后说："其实上苍赋予每一个人的人生能动力是极其有限的，故人生'节目单'的容量也肯定是有限的，无限地扩张它是很不理智的人生观。通常我们很难确定自己究竟能胜任多少种事情，在年轻时尤其如此。因为那时，人生的能动力还没被彻底调动起来，它还是一个未知数，但这并不意味着我们连自己不能胜任哪些事情也没个结论。在座的哪一位能打破一项世界体育纪录呢？我们都不能。哪一位能成为乔丹第二或姚明第二呢？也都不能。歌唱家呢？还不能。获诺贝尔和平奖呢？大约同样是不能的，而且是明摆着的无疑的结论。那么，将诸如此类的，虽特别令人向往但与我们的具体条件相距甚远的人生方式，统统从我们的头脑中删除掉吧！加法的人生，即那种仿佛自己能够愉快地胜任充当一切社会角色，干成世界上的一切事而缺少的仅仅是机遇的想法，纯粹是自欺欺人。"

一种人生的真相是——无论世界上的行业丰富到何种程度，机遇又多到何种程度，我们每一个人比较能做好的事情，永远也就那么几种而已。有时，仅仅一种而已。

所以即使年轻着，也须善于领悟减法人生的真谛：将那些干扰我们心思的事情，一而再，再而三地从我们人生的"节目单"上减去、减去、再减去。于是令我们人生的"节目单"的内容简明清晰；于是使我们比较能做好的事情凸显出来。所谓人生的价值，只不过是要认认真真、无怨无悔地去做最适合自己的事情而已。

花一生去领悟此点，代价太高了，领悟了也晚了；花半生去领悟，那也是领悟力迟钝的人。

现代的社会，足以使人在年轻时就明白自己适合做什么事。

只要人肯于首先向自己承认，哪些事是自己根本做不来的，也就等于告诉自己，这种人生自己连想都不要去想。如今"浮躁"二字已成流行语，但大多数人只不过流行地说着，并不怎么深思那浮躁的成因。依我看来，不少的人之所以浮躁着并因浮躁而痛苦着，乃因不肯首先自己向自己承认——哪些事情是自己根本做不来的，所以也就无法使自己比较能做好的事情在自己人生的"节目单"上简

明清晰地凸显出来，却还在一味地往"节目单"上增加种种注定与自己人生无缘的内容……

　　中国那面向大多数人的文化在此点上扮演着很劣的角色——不厌其烦地暗示着每一个人似乎都可以凭着锲而不舍做成功一切事情；却很少传达这样的一种人生思想——更多的时候锲而不舍是没有用的，倒莫如从自己人生的"节目单"上减去某些心所向往的内容，这更能体现人生的理智，因为那些内容明摆着是不适合某些人的人生状况的……

论民间

民间乃莫衷一是之概念。模糊。

我所谓的民间，是将伟人、达官、名流、富商巨贾们划入另册，所剩的那一部分人间。

在古代，曰"苍生"的那一部分人间。

我发誓，绝无挑拨的居心。

古今中外，以上两种人，从不生活在同样的人间，一向也不一起玩儿。所以，我的分法，并不等于离间。

当今提倡和谐。

挑拨离间者可恶。我不是那么坏的人。

在神话中，神们犯了天条，每每被逐往人间。

对于高高在上的神们，人间之人，皆凡夫俗子。人间曰"下界"，低等级之界也。

而在人间，公子王孙也罢，将相诸侯也罢，一旦获罪，半轻不重的惩罚，便是贬至民间。

贬至民间，又叫"沦落"。

而富商巨贾们若财大气粗不起来了，叫"落魄"。钱财乃富人之"魄"，落魄的富人，其命便也如"芸芸"者流了。

"芸芸"者，平民阶层加草根阶层也。因数量众多，其社会形态如江河湖海。

平民阶层与草根阶层的关系是唇齿关系，是手心和手背的关系。"草根"减少，平民渐多，乃民间幸事。反之，那民间，定是悲苦之民间。

故民间最愚蠢的现象，则是"草根"们危害平民，平民们厌恶"草根"。

果而如此，民间就几近于不可救药了。

一个社会好不好，或有没有希望，有多大希望，不仅看官员们是些怎样的官员，富人们是些怎样的富人，各类精英是些怎样的精英，也还要看民间是怎样的民间。

依我的眼睛看来，"五四"至今，不那么令人心冷的中国的民间，正是当下之民间。固然，当下之民间，还有不少令人泄气的方面。但，比起鲁迅所形容的"铁屋子"，比起萧红笔下那"大水坑"，比起闻一多笔下的"死水"，毕竟是相当不同了。

故，套用一句流行语，现在的我，是很"看好"民间的。

民间的生气，是我这个置身于民间边缘的很多余的社会人，越来越呼吸得到的。我感觉民间的生气含氧量渐多，而氧是我的大脑所需要的。民间的生气含氧量高了，民间本身自然也便耳聪目明了。

不可否认，民间还将产生牛二、阿Q、郑老栓、德纳迪埃和太太、无赖、痞子、流氓、刁民；人性之种种卑污邪狞，睁只眼闭只眼的，皆可从民间看到。以后的民间，也还会有。

但今日之民间，总算开始觉醒了一件事：民间原本是比别的社会层面更多温暖的一大部分人间，是最能自然地体现人性的一大部分人间；种种不堪回首之事大规模地发生于民间，实在是因为被肮脏严重地污染了。

民间终于觉悟了这一件事，民间就能找回自己的良心了。

民间之良心开始复苏，种种被遮蔽、掩盖、歪曲、随心所欲涂改之历史真相，也便会一桩桩一件件地昭然于天下了。

当历史在民间得以澄清，民间便获得主持正义的权力。而一向自以为能够玩弄民间于股掌之上的人，便也不敢对民间颐指气使了。因为转眼也会被夹在历史中；而民间将长存。

理性的民间乃是这样的民间——除非它自己想要运动一下，否则任何披着华丽外衣的人，皆难以轻而易举地将它运动起来；它一定要运动一下的时候，并不是情绪的宣泄，而是具有充分理由的，即使理由充分，也仍理性。

是的，我以我眼看到，一个这样的民间，正在中国成熟着。

理性的民间，才是有真力量的民间。

伸张正义的民间，才是受尊重的民间。

也只有这样的民间，才能被当成回事儿来对待，才能自己理直气壮地喊出"民乃国之根"，而不需要一味靠别人们的嘴来说。

这样的民间，才配是"国之根"。

是的，我分明地看到了中国民间的这一前途……

贵贱论

人类社会一向需要法的禁束，权的治理。既有权的现象存在，便有权贵者存在，古今中外，一向如此。权大于法，权贵者超于法外，成为人上人。凌驾于权贵者之上的，曰帝，曰皇，曰王。中国古代，将他们比作"真龙天子"。既是"龙"，下代则属"龙子龙孙"。"龙子龙孙"们，受庇于帝者、皇者、王者的福荫，也是超于法外的人上人。既曰"天子"，出言即法，无敢违者，无敢抗者。违乃罪，抗乃逆，逆尤大罪。不仅中国古代如此，外国亦如此。法在人类社会逐渐形成以后相当漫长的一个历史时期内，仍然如此。中国古代的法曾明文规定"刑不上大夫"。刑不上大夫不是说法不惩处他们，而是强调不必用刑杖拷掠。毕竟，这是中国的古法对知识分子最开恩的一面。外国的古法中明文规定过贵族可以不缴一切税，贵族可以合理合法地掳了穷人的妻女去抵穷人欠他们的债，占有之也是天经地义的。

但是自从人类社会发展到文明的近现代，权大于法的现象渐趋式微，法高于权的理念越来越成为共识。法律面前人人平等。于是权贵者之贵不似以往。将高官乃至将首相总统推上被告席，早已是司空见惯之事，仅一九九九年不是就发生过好几桩吗？法律的权威性，使权贵一词与从前相比有了很大变化。人可因权而尊贵，比如可以入住豪宅，可以拥有专机、卫队，但却不能因权而特殊。他们比一般人更须时时提醒自己——千万别触犯法律。

法保护权者尊贵，限制权者特殊。

所以美国总统们的就职演说，千言万语总是化作一句话，那就是——承蒙信赖，我将竭诚为美国效劳！而为国效劳，其实也就是"为人民服务"的意思。所以日本的前首相铃木善幸就任前回答记者提问时道："我的感觉仿佛是应征入伍。"

因权而特殊，将被视为文明倒退的现象，在当代法制和民主程度越来越高的国家里已经不太可能。因权而尊贵，也要付出相应的代价，其中一项就是几乎没有隐私可言。其实，向权力代理人提供优厚的生活待遇，也体现着一个国家和它的人民对于所信托的某一权力本身的重视程度，并体现着人民对某一权力本身的评估意识，故每每以法案的方式加以确定。其确定往往证明这样的意义——某一权力的重要性，值得它的代理人获得相应的待遇，只要它的代理人确乎是值得信赖的。

林肯坚决反对因权而特殊。在他就任总统后，时常生气地拒绝各种特殊的待遇。他去了解民情和讲演时，甚至不愿带警卫，结果他不幸被他的政敌们所雇的杀手暗杀。甘地在被拥戴为印度人民的领袖以后，仍居草屋，并在草屋里办公，接待外宾。他是人类现代史上太特殊的一例。他是一位理想的权力圣洁主义者，一位心甘情愿的权力殉道主义者。像他那么意识高尚的人也难免有敌人，他同样死在敌人的子弹之下。他死后被泰戈尔称颂为"圣雄甘地"。

无论因权而尊贵者，还是掌权而放弃特殊待遇者，只要他是竭诚为人民服务的，人民都将爱戴他。但，他们的因权而贵，是不可以贵到人民允许以外去的，更是不可以贵及家人及亲属的。因为后者并非人民的权力信托人。

因贫而"贱"是人类最无奈的现象。但也有某些人断不该因贫而被视为"贱"类，尽管他们从前确曾被权贵者富贵者们蔑称为"贱民"。我们现在所论的，非他们的人格，而是他们的生存状态。如果他们缺衣少食，如果他们居住环境肮脏，如果他们的子女因穷困而不能受到正常的教育，如果他们生了病而不能得到医疗，如果他们想有一份工作却差不多是妄想，那么，他们的生存状况，确乎便是"贱"的了。我们这样说，仅取"贱"字"低等"的含义。

处在低等生活状态中的民众，他们作为人的尊严却断不可以一概被论为低等。恰恰相反，比如雨果笔下的冉·阿让，他的心灵，比权贵者高贵，比富贵者高贵。

权贵者富贵者与"贱民"们遭遇的"情节"，历史上曾多次发生过。那是人类社会黑暗时期的黑暗现象，"朱门酒肉臭，路有冻死骨"便是生动的写照。

限制权贵是比较容易的，人类社会在这方面已经做得卓有成效。消除穷困却要困难得多，中国在这方面任重而道远。

约翰逊说："所有证明穷困并非罪恶的理由，恰恰明显地表明穷困是一种罪恶。"

穷困是国家的溃疡。有能力的人们，该为消除中国的穷困现象而努力呀！

富贵是幸运。富者并非皆不仁。因富而善，因善而仁，因仁而德的贵者不乏其人。他们中有人已被著书而传，或已被立碑而纪念。那是他们理应获得的敬意。

相反的现象也不应回避——富贵者或由于贪婪，或因急于跻身权贵者行列，于是以富媚权，傍权不仁，傍权丧德。此时富贵者反而最卑贱。比如《金瓶梅》中的西门庆，去贿相府时就一反富贵者常态，很卑贱。同样，受贿的权贵斯时嘴脸也难免卑贱。

全部人类道德的最高标准非他，而是人道。凡在人道方面堪称榜样的人，都是高贵的人。故我认为，辛德勒是高贵的。不管他是否真的曾是什么间谍，他已然高贵无疑了。舍一己之生命而拯救众人的人，是高贵的。抗洪抢险中之中国士兵，是高贵的。英国王妃戴安娜安抚非洲灾民，以自己的足去步雷区，表明她反战立场的行为，是高贵的。南丁格尔也是高贵的。马丁·路德·金为了他的主张所进行的政治实践，同样是高贵的。废除黑奴制的林肯当然有一颗高贵的心。中国教育事业的开拓者陶行知也有一颗高贵的心。人类历史中、文化中有许多高贵的人。高贵的人不必是圣人。不是圣人一点儿也不影响他们是高贵的人。有一个误区由来已久，那就是以权、以富、以出身和门第论高贵。

文明的社会不是导引人人都成为圣人的社会。恰恰相反，文明的社会是尽量成全人人都活得自然而又自由的社会。文明的社会也是人心低贱现象很少的社会。人心只有保持对于高贵的崇敬，才能自觉地防止它因趋利而鄙而劣，一言以蔽之，而低贱。我们的心保持对于高贵的永远的崇敬，并不会使我们活得不自然而又不自由。事实上，人心欣赏高贵恰是自然的。反之是不自然的，病态的。事实上，活得自由的人首先是心情愉快的人。

《悲惨世界》中的沙威是活得不自然的人，也是活得不自由的人。他在人性方面不自然，在人道方面不自由，故他无愉快之时。他的脸和目光总是阴沉的。他是被高贵比死的。是的，没人逼他，他只不过是被高贵比死的。

贵与"贱"在社会表征上相对立，在文明理念上相平等。在某些时候，在某些情况下，两者恰恰相反。那是在贵者徒有其表而经不起检验的时候和情况下，在"贱"者有机会证明自己心灵本色的时候和情况下。权贵对于贫"贱"应贵在责任和使命，富贵相对于贫"贱"应贵在同情和仁爱。贫"贱"的现象相对于卑贱的行为是不应受歧视的。卑贱相对于高贵的身份更显其卑贱。

有资格尊贵的人在权贵和富贵者面前倘巴结逢迎不择手段不遗余力，那就是低贱了。低贱并非源于自卑。因为自卑者其实本能地回避权贵者和富贵者，甚至也回避尊贵者。自卑者唯独不避高贵。因为高贵不是存在于外表和服装后面的。高贵是朴素的，平易的，甚至是以极普通的方式存在的。比如《悲惨世界》中"掩护"了冉·阿让一次的那位慈祥的老神父。自卑者的心相当敏感，他们靠了自己的敏感嗅辨高贵。当然自卑而极端也会在人心中生出邪恶，那时连对善意地帮助自己的人也会嫉恨。那时善不得善报。低贱是拿自尊去换取利益和实惠时的行为表现。低贱者不以为耻反以为荣，那就是下贱了。

贫"贱"是存在于大地上的问题，所以在大地上就可以逐步解决。

卑贱、低贱、下贱之贱都是不必用引号的，因为都是真贱。真贱是存在于人心里的问题，所以是只能靠自己去解决的问题。

我祈祝在下一个百年里，穷困将从中国的大地上得以消除⋯⋯

家与坟

去年四月，我在外省的某村小住。

某日上午，撑伞于霏雨中闲行，目光被一户农家吸引。那农家的住宅，倒也没什么特别之处，与其他人家相似，简陋的二层小楼而已。自从当地是某村了，村人们的收入较稳定，逐渐脱贫，小楼便多起来。那户农家的小楼，门前是水泥坪。吸引我目光的是水泥坪旁边的一座坟。坟也是水泥的，依棺形砌成约一米半宽，两米长，碑高近四尺，该说是挺大一座坟了。坟的左右枯蒿如墙，然看去并不是野生野长的，分明是前一年春夏栽培的。

在农村，家宅附近有亲人坟，其实也不足为怪。但通常是在宅后，而此坟居然在宅前，令我诧异。而且，坟周围不植树，不种花，为什么偏偏人为生长着蒿草呢？

我正困惑，但见一位白髯老人，走出门来，一手持扫把，一手持搂耙，开始清扫坟的周围。老人将枯叶扫拢，又把干蒿拔起数株，磕尽根土，堆放枯叶之上。又见一少女走出家门，用火钳夹着一大块炭火，去点燃枯叶和干蒿。被淋湿的枯叶干蒿，不那么容易点燃，少女跑回家去，取来了吹火管，一口接一口地吹；终于吹起烟来，吹起一火苗来，于是潮漉漉的空气中，混杂着一种苦味了……

我不由得走过去，搭讪着问："大爷，扫坟啊？"

"嗯啊，今天不是清明嘛。"老人未抬头，继续拔。

少女又在吹火；我收了伞，让少女替我拿着，帮老人拔，趁机和老人说话："大爷不认识我吧？"

"听说过，北京来的，村东头老王家的客人，对吧？"

"王妈妈是我干妈。"

"全村人都知道她认了个北京的干儿子。"

"咱们拔的这是什么呀？"

"艾蒿。"

"坟周围，为什么要种艾蒿呢？"

庐山留影

"从前，这儿瘴气重，常闹瘟病，谁家有当年瘟死的人，坟周围都种艾蒿，希望亲人在那边不缺药，艾烟熏熏，防瘟治瘟有点效。"

我见坟上有"父母亲大人"五字，仍想问几句，张了下口，怕问出忌讳，把话咽回。

老人似乎看出我的顾虑，主动说："这不是我父母的坟。"举手朝远处山头一指："我父母的坟，在那边山上呢。就近先把别人家的坟清一清，过会儿兴许雨停，再上山清自家的坟也不迟。"

枯蒿的根，将泥土带松了。少女还我伞，拿起耙，默默击碎土块儿，耙匀。看样，是打算在内种艾蒿了。

而老人，显然已无心再陪我聊下去了，踱至碑前，鞠一躬，接着垂臂肃立，自言自语道："老哥，那场官司，打我这儿，早过去了，但愿你在那边，也不计较。你就安安泰泰地睡在此处吧，只要我活一天，就绝不允许谁来烦你。我死了，也会这么交代儿子们……"

我听到"官司"二字，更有顾虑，趁机离开。

回到王妈妈家，忍不住向王妈妈探问究竟。

王妈妈告诉我：那户人家也姓王，除了那老的，还有大儿子小两口和二十来岁的小儿子以及十二三岁的孙女。他们原来是住在山上的一户，村委会考虑到他们终日下山回山地采茶，不便多多，就在山下划给他们一块宅基地。山下的宅基地早就分光到各户名门下了，分给他们的一块，是硬挤出来的。可他们刚把地基打好，齐家的儿子，却将他老父亲的坟迁到地基旁了。齐家除了一个儿子，在村里已无他人了。齐家那儿子，十几年前考上了北京的一所名牌大学，一气儿读到硕士。毕业后回到省城，进入政府机关，不久就当上了科长，几年后又当上了处长。王姓人家有意见了，希望齐家儿子别迁坟，迁也不要迁到自家地基的旁边来。齐家的儿子却对王家人的意见置之不理，认为那地儿原属老父亲名下的一亩茶地，虽重新分给别人家了，但自己已征得了别人家的同意，而且给了别人家一定的经济补偿，当然有权将自己老父亲的坟迁到那儿。

据村委会了解底细的人讲，齐家儿子请风水先生给看过风水，风水先生认为他父亲的坟正该迁到那儿。齐家的儿子并不信什么风水，但极好面子，一心要为亡父重建全村最气派的坟，争大孝子的名声。于是，当时就出现了那么一种情况—— 一边雇了帮工在架梁立柱地建宅，一边请了几位和尚诵经念咒，按部就班地两次殡葬；村委会出面调解也没用。王家的老父亲被气病了，两个儿子一恼之下，便将齐家的儿子告了，可法院判下来，王家却输了官司。法院认为，齐家儿子迁坟所占之地，是第三者家的茶地。双方达成的协议并不违法。至于王家对齐家儿子的意见，可以理解。但因而不许齐家的儿子迁坟，诉讼要求并没有法律依据。王家不服判决，上诉了，结果还是败诉。王家老父亲气上加气，一病就病了小半年……

"那，王家老伯是什么时候想开的呢？怎么一想就想开了呢？"

"这，就没谁清楚了。都五年前的事了。当年，有天村人们见他终于出家门了，拎了只小凳，往碑前一放，呆呆一坐，看着碑吧嗒吧嗒洗烟锅儿，一坐就坐了一两小时。打那以后，他就将那坟，当成自家一个亲人的坟来对待了……"

"齐家的儿子常回来祭父亲吗？"

"常回来什么啊，都三年多没回村了。"

"为什么？"

"谁晓得，听人说，出国了，变成外国户籍的人了。王家老爷子，好人啊。要不是他维持着齐家那坟，那坟早在野草窝子里了！"

我不禁陷入沉思……

两天后，我告别王妈妈，王妈妈的儿子骑摩托车载我离村。经过王老伯宅前时，见他正坐在檐下编筐。天已放晴，阳光明媚。老人的长髯，被阳光一照银白银白的，而那碑前，分明的，供着一盘水果，一盘点心水果之上，还供着一盒烟……

老人抬头看见是我，问："要走啊？"

我说："是啊。"

他放下手中的活儿，走过来，又问："你干妈舍得你走？"

我笑道："舍不得。"

掏出烟递给老人家一支，自己也陪着吸一支。

老人家又说："多待些日子嘛！"

我却答非所问地说："大爷，我干妈说您是好人！"

老人家笑了。看得出，我的话使他发自内心地高兴，连说："你干妈也是好人。我们村，都是好人，都是好人。人活一世，干吗不做好人呢？"——又问干妈的儿子："是吧？"

王妈妈的儿子，我的茶农老弟，也憨憨地笑了。

而我心里，不知怎么，那时竟联想到了林语堂的《吾国吾民》……

现如今的我们中国人，据说反省力大大提高了，并且很爱谈国民劣根性之类的话题。一谈到，意识里的形象，往往尽是农民。

而我，要坦率地说说我现在的想法——所谓劣根性，农民们差不多都还是有的。但同时，他们也有另外一种"根性"，那就是具有乡土情缘的"根性"。而一说到"根性"，除了劣的，我们城市人心里，还有另外的哪种呢？……

二零零八年二月十九日

我看知青

此篇，将是我关于知青话题的最后一堆文字，一堆告别式的文字，终结性的自言自语……

一、上山下乡三十周年说知青

今轮虎年，是"上山下乡"运动三十周年，知青话题，又被报刊界出版界重新捡起，颇有纪念一下的意思。

所谓"上山下乡"运动，依我如今想来，其实不过是当年三千万学生的失学"下岗"。这三千万之巨数，接近着如今工人"下岗"的庞大队伍。而"下岗"工人中，又十之六七乃当年的知青。这些当年的知青，命运感慨肯定多多。或者，竟毫无回忆的心情，只

和作家周大新、阎连科合影

不过默默地随时代的巨变沉浮，竭力撑持着自己剩余的人生。

当年的知青，如今年龄最小者，也该在四十五岁以上了；年龄最大者，亦即"老高三"，当是五十余岁的人了。再过七八年，所幸未"下岗"的，也将退休了。正是——"人生寄一世，奄忽若飙尘。"

命达命舛，悟透了，本都没什么可纪念的。

当年的知青们，如今构成着中国城市人口中的主要中年群体，他们和她们，在思想方法、价值判断、生活态度，以及家庭观念、物质消费、流行时尚、人际组合的好恶顺逆方面，仍导势渐微地影响着中国当代城市人口中的中年群体。虽然在数量上并不完全垄断中年群体，但质量上却无疑显示着主要成分。

所以，可以这么认为，中国当代城市中年人们"代"的特征，在诸方面具有知青们或曰"老三届"的总体特征。

二十年以前，亦即知青返城初期，这种总体特征极为明显。基本上可以用怨、悲、豪、义四个字来概括。

疲惫地站在城市的人生起跑线上，青春不再，恍如一梦，十之八九几乎一无所有，几乎一切的生存内容从零开始，甘而不怨的太少太少。

"上山下乡"这一场几乎波及一切城市家庭的运动，乃"文革"中之运动，运动中之运动。否定"文革"，必重新评说"上山下乡"运动。而"上山下乡"运动，其实是经不起直率评说的。因为它的目的，只不过是为了减缓当时城市的就业压力。并且，一令既下，地动山摇。一手既挥，无敢抗者。对于绝大多数城市百姓人家的子女，根本没有第二选择。所谓响应号召没商量。对于被打倒的"走资派"的子女，被贬为"臭老九"的知识分子的子女，政治成分被划入阶级另册的人家的子女，尤其不是"上山"不"上山"、下乡不下乡的问题，而是只配上到哪里下到哪里，没资格问去哪里。比如"黑龙江生产建设兵团"的第一、二批知青，就需通过所谓"政审"一关。有"政审"不合格的知青，写了血书以表决心才被批准。更有的硬是追随强去，驱而不离，赶而不返。如此一来，倒使"黑龙江生产建设兵团"当年显得很神秘。于是后来报名者较踊跃，仿佛非是下乡，是变相的参军；非是务农，是变相的当兵。以今天的眼光看来，似乎不无"炒作"的意味。但在当年，哪一个中国人的头脑中其实都没有"炒作"的意识，只不过是本能地遵循"政治第一"的一贯原则，一本正经地煞有介事罢了。

"上山下乡"运动的原始目的一旦被触及，其理想色彩便会彻底剥落，知青们头脑中残存的使命感顿时化为乌有。当明白了自己只不过是解决当年城市就业难题一大举措的牺牲品，明白了是伟大领袖当时希望尽快结束"文革"混乱局面的"一着棋"，便会觉得自己们不但是被"撵"下去的、哄下去的，而且简直是被"诓"下去的，难免悲从中来。怅回首，昨今追求两茫茫。泣忆无数个"客愁西向尽，乡梦北归难"的流放日，"心不怡之长久矣，忧与愁其相接"。那悲中，自然还有着不知究竟该向谁倾诉的怨。何况，当初的理想色彩和使命感，在近十年的艰苦岁月中，在仿佛被抛弃了的日复一日的企盼中，本已从他们的心理上、精神上瓦解得差不多了。如同鱼市收摊前的活鱼，拨一下虽还能在浅水中游动，扔到案上虽还能剧烈扑腾，但已是鳞败鳍残了……

但是，他们当年毕竟都拥有着一种至关重要的资本。那就是年龄。二十六七三十来岁三十多岁的年龄，无论打算对人生做何进取，为时都不太晚。年龄是返城知青当年唯一的资本。令全社会不同程度所同情的整代"遭遇"，具有苦难色彩的同时也便具有了沧桑色彩，具有了坚忍色彩的经历，与上一代人相比磨而未圆似乎仍显得咄咄逼人的棱角，与下一代人并论不卑不亢似乎人生经验极为丰富的成熟，又使知青这唯一的资本成为知青唯一的傲。此傲不无受过严峻洗礼之意味。在返城初期，知青唯靠此傲支撑着其奋斗精神，保持住心理平衡。

此傲是知青的精神味素。

义——这是知青返城之初普遍都愿恪守的做人原则。无论是兵团知青，还是插队知青，返城之前他们都必因同命运而相怜，而相助，而相呵护。因为，对于当地人，知青是外来者，是接受"再教育"的对象。倘当地人欢迎并关怀他们，则他们无物以报，唯有奉还感情奉还以义。倘当地人排斥他们甚而歧视他们孤立他们打击他们，则他们相互之间并无任何财富的团结基础，亦只能靠了感情靠了义而更紧密地凝聚在一起。义是知青近乎发配的命运对他们的启示。他们在很短的时期内便领悟到了这一点。但事实上，当地人排斥歧视甚至孤立打击他们的事件虽有发生，却肯定是极其个别的现象。就普遍情况而言，无论是兵团的老战士，农场的老职工，还是乡村的农民，当年对知青们既是欢迎的，也是尽可能予以照顾和关怀的。个别事件不但存在，还很恶劣。我们于此强调的是普遍情况。故时至今日，许多知青念念不忘常系心头，谈起来动声动色的仍是与当地人那一份情。彼此的情中也确有桩桩件件感人之事。而当年欢迎过后来又依依相送过知青的农民、牧民、山民，忆起从城里来的"学生娃"们，往往也是此情绵绵。他们会牢记着知青教师教过他们的子女，知青医生为他们治过病，或为他们的女人接过生。即使对于当年表现很差甚至极差的知青，他们谈起来时的态度，也如同是在回忆不懂事的孩子的淘气行为或恶作剧，仁义宽厚溢于言表。无论对于当地人还是对于知青，往昔的岁月里，都有着"清晨闻叩门，倒裳往自开。问子为谁欤？田父有好怀"的情义；有着"寒夜客来茶当酒，竹炉汤沸火初红"的温馨；有着"夜雨剪春韭，新炊间黄粱。主称会面难，一举累十觞"的真挚；有着"但令一顾重，不吝百身轻"的古道衷肠。我接触过形形色色的当年的南北知青。我有充分的根据说明，知青们最无怨言也最感欣慰的便是，当年毕竟和一部分别种样的人民休戚与共过。他们是知青们在城市里所接触不到的，完全陌生的。而且，是生活穷苦的，随遇而安的，非常本色的一部分人民。在知青们心目中，在今天，对他们身上美好的方面和惰性的方面了解得一样清楚。

用一位知青的话说——"唯一不后悔的是，曾和那样的一部分人民在一起过。"

返城初期，知青们有一种不习惯。深析之，是一种怕。怕那只无形的，划分城市人命运格局的大手将他们抚散。那只大手是导演城市通俗故事的上帝。它重新定位城市人的命运。它几乎毫无规律地，随心所欲地，完全按照自己好恶地抛撒机遇。它嫌贫爱富极端势利眼。它只关照离它最近的人，对离它远的人的存在几乎不屑一顾。迅速被抚散的知青经常寻找机会靠拢。只要靠拢在一起便不免会彼此谆谆告诫，一定要"相呴以湿，相濡以沫"。仿佛只有这样，才能重新在城市生存下去。仿佛一旦不再是群体，对每一个人来说都是不安全的。他们希望互相拉扯，希望仍如当年那样互相呵护。因为他们几乎都一无所有啊！然而城市对于他们却另有一番教导。那教导现实得近乎冷漠，全部内容差不多便是"相忘于江湖"。

城市喜欢在个人身上实验奇迹。

城市从不情有独钟地青睐一无所有的没落群体。

于是，十年后，亦即一九八七年至一九八八年左右，知青们的群体本能意识被城市格局这柄篦子一遍遍地篦散了。城市也完成了对返城知青们的十年普及性"初级教育"。

怨的情绪在知青们胸中自行地淡化了。而且，他们都明白，怨是最没意义的。掌上厚茧仍在，胸中块垒犹存，只是返城初期幻想青春补偿，总欲引起社会特别关注和特别对待甚至优待的希望，完全而又明智地泯灭了……

悲还多多少少地、时不时地从情绪中流露出来，但已由总体的悲转变为个人的悲。有人从疲惫中缓过来了，有人仍没缓过来，仍疲惫着，甚至更疲惫了。有人仍沉湎于当年的悲哀往事或个人的悲惨遭遇中不能自拔。那些往事当然确实很悲哀，遭遇也当然确实很悲惨，但虽属知青情结和话语，却似乎已不再能代表总体，而仅仅意味着是个人的了。十年的时间足以消弭许多事物，足以令人忘却许多最初刻骨铭心的记忆。有那种记忆然而境况好了命运之帆重新张扬起来的，渐渐地也就不悲了。有那种记忆然而境况仍糟着人生仍寻找不到港湾的，顾不上悲了。终于明白，归根到底，城市不敬重眼泪。他们或她们，尤其她们，开始学会将自己那一种悲严密地封存在内心里，只在特殊的情况下，特殊的人们面前才偶一流露偶一宣泄。返城后的境况不同，使知青话语开始多样。有时在同一场合，在昔日朝夕相处的人中，某人欢笑着，某人却在暗暗伤感着。甚至还会发生言语冲突、话不投机半句多的现象……

义仿佛变成了空头支票。即使变成了空头支票，相赠予时态度也极为含糊极为犹豫了。因为，在城市里，在实际的迫待解决的问题方面而非感情慰藉方面，互相帮助显得异常的分量沉重了，沉重得使人轻易不敢承诺了。在都是知青的岁月里，我受委屈了受欺辱了你挺身而出替我伸张正义替我打抱不平；你病了我守侍床前体贴如亲兄弟亲姐妹是一回事——而且只要想做到，完全可以做到，几乎人人都能做到。但在城市里，替谁解决工作替谁调动更满意的工作，或帮谁的子女报入重点小学升入重点中学，则非有权力不可。有权力往往也需费些周折甚至费尽周折。无权的权小的更是心有余而力不足。有权的考虑到那许多周折态度含糊暧昧犹豫也在情理之中。而此时此刻，哪怕一方一再地表示并未"相忘于江湖"，另一方肯定也似乎品咂出了一丝分明"相忘于江湖"的苦涩。

在这十年中，认识的或不认识的，哈尔滨的或北京的上海的，亲登家门或写信向我求助的知青为数不少。困扰他们或她们的，无一不是人生的大问题，诸如"正式工作"之"安排"问题、夫妻两地分居问题、子女的户口问题和就学问题……而我当时的表现，每每先安慰，后摇头发愁。既同情对方，也同情自己陷入的尴尬之境。登门者写信者，自然相信会帮助他们的人非我莫属。而且相信，只要我肯帮助，他们的困扰就一定能得到妥善解决。仿佛中国有一个知青问题管理部，我就是该部部长。如果对方们还拎着点儿"意思"，则我尴尬尤甚。我也往往不禁地要说些感情色彩较浓的话语，以图表现并未"相忘于江湖"。但是最终，我所能做的，仅能做的，也无非就是答应替他们给当地的领导写封信，或当即就给我认识过、耳闻过的知青出身的官员写封信。他们有的较为满意，有的很不满意，觉得我不过是在变相应付搪塞，从此认定我最是一个彻底"相忘于江湖"的无情无义的家伙。而我却常因自己的转嫁"义务"而惴惴不安。十年中我开出了不少空头转账支票，每次都难以预测那些收到的人对我究竟做何想法。居然侥幸起作用的时候也不是没有，但极少极少。既是相求者的侥幸，也是我自己的侥幸。

十年中，当年的知青在北京有过几次规模较大的集聚活动，影响辐射至天津、上海、哈尔滨。影响最广策划最成功的一次，当属在中国革命历史博物馆举办的"黑土地回顾展"。这次活动凝聚了许许多多北大荒知青的热忱参与。许许多多的人为此做出了许许多多的努力。那是无报酬的参与，是完全业余的参与，是完全自愿当成自己的事来做的参与。我认为，"回顾展"收集到的林林总总的知青实物，以及知青日记和书信，对于以后仍有兴趣继续研究知青命题的人，颇有参考价值和认识价值。"回顾展"同时也是一次较成功的"知青文物"征集活动。

"回顾展"的绝大部分文字出自我笔下。姜昆们做了局部的删改补充。出自我笔下的文字，总体调子似太沉重和悲怆。姜昆们加入了些轻松和亮色。我认为他们的删改补充是必要的。否则，"回顾展"也许难以成为事实。

这些文字后来被全部收入《黑土地影集》。

"回顾展"之后，出版了两部书，一部是《北大荒风云录》，一部是《北大荒人名录》。我是此两部书的编委之一。但我实际上所尽的编委义务和责任甚少，只看过"风云录"中三十余篇的手稿。此书的编辑原则是——保持原貌，不做任何加工。所改仅仅是错字、白字、病句、不规范的标点运用。

我认为"风云录"是一部从多侧面多角度反映当年北大荒知青生活的难得的纪实书。其纪实性几乎是不容置疑的。其中多数知青都是第一次写关于自己知青经历的回忆文章，甚至是生平第一次写所谓的"文章"，甚至以后再也不会产生写"文章"的念头了。他们和她们，将自己当年的亲身经历、亲身感受、亲身遭遇，真真切切地、虔诚之至地汇入"风云录"中了。

我认为，我迄今为止的一切知青作品的总和，在诸多意义方面，根本抵不上一本"风云录"。

我认为，"风云录"是一本很值得保存的书，相比之下，我的一切知青作品，其实都不值得任何人保存。

我甚至认为，一个人如果了解北大荒知青当年的真实生活的愿望大于读小说的兴趣，那么他或她其实完全不必读我的知青小说，只读"风云录"就够了。

"风云录"中也收入了我的一篇小文。我当时是很不想写的，但编委们非常希望我也写一篇。写完了，我仍不愿被编入，编委们传阅后觉得还可以，恭敬不如从命，我只有依从。

我实心实意地说，我的那一篇小文，是"风云录"中内容苍白空洞的回忆之一。这有两个原因：（一）作为一名当年的北大荒知青，虽然别人吃过的苦我都吃过，别人受过的累我都受过，但也仅此而已。由于出身工人家庭的先天优势，并不曾受过格外不堪忍受的政治歧视。所以，我的知青经历中，并没什么特别使人同情的遭遇。对于没"上山下乡"过的次代人，我的知青经历似乎新鲜不乏色彩；而相对于知青一代，其实寻常得不能再寻常。（二）由于我的职业是写作，此前写了大量知青小说或回忆性"文章"，感受早已耗尽，早已没有什么另外的特别值得一写的"个人事件"，并不特别值得写却为写而写，苍白空洞实属必然。

据我看来，一本"风云录"中，普遍写得好的，恰是那些初写者的"文章"。都写得不怎么样的，是我等所谓"知青名人"，以及职业与写作的关系太密切的人。原因，恐怕也如我所述。

《北大荒人名录》则是一本很特殊的书。在中国，在它出版以前，绝没有过那样一本书。它实际上是一本活人的人名索引。一本不折不扣的通讯录。这一点，书名已体现得很明确。如果不看书名，信手翻来，有人准会以为这是一本电话簿子。它收入了二万八千多人的姓名以及他们和她们当年在黑龙江生产建设兵团原属师、团、营、连、职务、目前的通讯地址、工作单位、身份、家庭和单位的电话。

为什么要出这样一本书呢？

当时的动机何其的良好何其的富有理想色彩啊！

记得在讨论这本书的意义时，我做过这样一段发言——我们北大荒返城知青的最主要的特征是什么？别人可以指出许多，但我认为是群体意识，西方又叫"社团精神"。这是好的特征，应该继承发扬。时代骤变，我们许多北大荒返城知青人生失重，所以需要帮助。而我们之间的相互帮助，目前最是义务和责任，亦最可贵。那么这一本"人名录"，就向愿意相互帮助的，尤其是需要帮助的我们的返城知青伙伴，提供了非常实用的线索。不愿帮助别人的，就不要把自己的名字加上。既加上了，就一定要是真的单位，真的通讯地址，拨通就能找到你的真的电话号码。在这件事上若弄虚作假，既无必要，也很可鄙。

我还说，假如某一天，某一个陌生人叩开了我们在座的谁的家门，他或她手里拿着一本"人名录"，说自己就是通过"人名录"找到你家的，说自己是"人名录"上的哪一个，说自己遇到了什么样的困难，急需什么样的帮助，那么"人名录"的意义也就起到了。自己帮得了的理应热情帮助，自己帮不了的理应替对方联系"人名录"上的别人……

当时有人笑着插问一句：就像旧社会江湖上的人凭"道儿"中的帖子相互关照？

我也笑答：差不多就是这个意思。咱们不是经常自诩都是北大荒"这条道儿"上走过来的吗？姓名上了"录"，相互关照之时，更需各尽所能啊！

于是大家皆笑。

当时，大家的动机，的的确确这么简单，这么现实，又这么天真烂漫。

大家当时还热烈讨论，如何成立一个"北大荒知青基金会"，怎样在北大荒知青中卓有成效地开展扶贫和不幸救助活动等。

应该肯定，这些原始冲动的出发点是良好的，友爱的。

但没有富豪和财团的赞助，仅靠北大荒知青之间凭热忱个人捐款，实在也筹不到多少钱。理想脱离现实，据我所知，"基金会"一事不了了之。也有关注此事的北大荒知青说，后来还是成立了。即使成立了，款项也肯定极其有限，根本不能落实初衷。

两本书发行后一年内，曾有各地到京的知青登我家门。都是我不认识的。光临时都带着"人名录"。有的有困难求助，我也只能照例写封信，"委托"别人关照。多数并没什么困难，无非见见面，彼此认识认识，共同回忆回忆。

某些北大荒知青，主观地以为，我肯定结交着很多很多的人，尤其结交着很多很多名人和官员。对于他们是困难的事，对于我解决起来便是易如反掌，一封信或一个电话就能办妥，仿佛社会只不过是单一成分的"知青码头"，而我是知青"袍哥会"中的"舵把子"人物之一。这说明返城虽然已经十年，极少数知青，似乎只不过由当年"上山下乡"运动中的"插兄"、"插妹"，转而变成了城市中的"插队"者。他们的意识仍停留在昨天，他们在城市中的交往范围仍特别局限。甚至，可能除了当年的知青朋友，仍没有别的朋友。他们还未真正融入城市生活。他们对知青群体以外的人，陌生而又自行地保持着距离。从他们身上看出了这一点，当年常使我替他们感到忧伤。

其实，我自己当年在城市中的交往范围也特别局限。除了电影界、文学界、出版界和少数新闻界的人，我当年也基本不主动与别的方面的人交往。我一向的人生原则是，如果我不求人会少活一两年，那么我宁肯不求人，宁肯干脆少活一两年。当然，如果是少活十年，我也是会四处求助的。但是，我与某些返城知青的命运境况毕竟大为不同。我的工作单位是北京电影制片厂，这在当年是令人很羡慕的单位。我是小有名气的作家，而且是北京户口的作家，这也令人羡慕。我的工资虽然不高，但是每年都有稿费收入，而且逐年增加。我的人生已经稳定。眼前暂无困境，以后似乎也不潜伏着什么大的危机。总而言之，我尽量不求人，少求人，比较可以做到。而他们是多么令人同情啊！尽管返城已经十年了，他们中有人仍夫妻两地分居着；有人由于返城当时的种种特殊原因，夫妻一方仍留在农村、农场或兵团；有人仍无可称之为自己的"家"的小小居住空间，走时一人，返城三口，不得不寄居于父母或兄弟姐妹的屋檐下，而后者们的城市居住空间同样是极有限的；有的人的子女仍无法在城市中正常就学……

知青返城的前十年，乃中国粉碎"四人帮"后百废待兴千头万绪的十年，中国几乎分不出精力和能力关怀他们。做出允许知青返城的重大决策，已然显示出了超乎寻常的果断与魄力。倘没有许多干部甚至极高级干部的子女，以及高级知识分子高级民主人士的子女当初也被卷离家庭卷离城市，而仅只是老百姓的子女"上山下乡"了，估计决策未必会做得那么干脆果断，也未必会那么快。按照历史的时间概念看，粉碎"四人帮"与知青返城这两大决策几乎可以说是依次做出的。应该承认，在前十年内，中国已尽量做了它力所能及的安置工作。各大城市中适时成立的"知青安置办公室"，皆较为配合地为知青服务着。当然，因为知青们的家庭背景不同，这种服务的区别性必然是相当之大的。对于最广大的老百姓家庭的返城知青，服务的主项也只能是解决工作问题。他们大多数人所面临的选择是建筑行业、环卫行业、低等服务行业和街道手工作坊式的小工厂。命运迫使他们不得不四处求助。而知青群体是他们在城市里仅有的主要的"社会关系"，他们中的大多数人，只能寄侥幸于这一种仿佛带有血缘色彩的、庞大又单纯的"社会关系"。倘这种侥幸也意味着是一丝希望，那么它是一种不乏热心但是能量有限改变不了什么的希望。在返城前十年，在知青之间，互助的热心的确是一种城市现象。如果谁找到了一份工作，如果那工作单位急需廉价劳动力，那个谁就往往会呼啦一下子引来自己十几个甚至几十个当年的知青伙伴儿。这现象当年在城市里极富人情味儿，无私而又义气，好比如今某些在城市里已经站稳了脚跟的"打工妹"、"打工仔"，恨不得热心地将家乡的姐妹们兄弟们都召集在自己身旁……

在知青返城的前十年中，在革命历史博物馆还没举办"黑土地回顾展"时，知青们以新疆、云南、内蒙古、山西、陕西、北大荒等不同的地域为旗号，以大大小小的当年的群体为单位，实际上不断地举行着集会。集会的动力既有保持感情的因素，也有依持互助的心理需要，还有引起社会关注的本能意识。至于在集会时大发"青春无悔"的感慨，抑或"还我青春"的呼喊，倒是根本不值得"友邦惊诧"更不值得大惊小怪之事。某些据此所做的，仿佛别人都愚不可及，唯自己好生深刻，反省好生彻底的文章，依我看来，倒是有点儿哗众取宠。因为一旦自己稍稍混好了，无视自己广大同类的生存现状，不从同类心理需要的深层加以体恤和理解，指手画脚地嘲为"愚顽"，实在是很讨厌的。

前十年中，凡邀我参加的知青集会，不管所亮是哪一地域的旗号，我都尽量参加。我当然从未企图变成什么知青活动家。仅仅当作家，并且当好，我已力不从心。但是我常想，我毕竟也是十年前的知青中之一名，虽无实力帮助任何人，一份感情的融注还是完全应该的。并且，我觉得我比较能够理解自己同类们希望继续保持群体依持关系希望彼此互助的心理需要。那在当年既十分正常，也十分值得尊重。尽管从长远看，是不甚可取也是容易自误互误的。几个人围拢一只火炉是烤火，几十人围拢一只火炉是取暖，几百人围拢一只火炉则只不过是"扎堆儿"了。那"火炉"是心理需要现象，集会是形式现象。

所以，在我参加过的知青集会中，言"青春不悔"的，我从不与之争执。言"蹉跎岁月"的，我也仅深表同感而已。

最早最热衷于知青集会的，往往是返城后境况不良甚至境况艰难的人。综上所述，这是较符合现象规律的。他们非常希望吸引返城后境况令人羡慕的知青参加，而后者们常常借故回避。后者们当初一心重新开始设计自己的人生，对于知青集会并不感兴趣。于是前者们殷殷地动之以情，执念游说。

后来情况渐渐发生了微妙的变化。前者们失望了，索然了，不再怎么热衷了，终于明白，集会一百次，张三还是张三，李四还是李四。境况好的境况更好，境况不好的依然不好甚至更加不好。于是由积极而消极了，由不倦的发起者而仅仅充当参与者了。后者们则开始有兴趣了，由消极而积极了，由被游说而尽量吸引别人了。这也符合着一种规律，即所谓的"无忧的怀旧"。后者们已不但无忧，而且已具有了不同程度的社会能力，集会由他们发起，比由前者们发起有声有色得多。不必讳言，无论前者还是后者，作为召集者，热忱中既有感情成分，也都有功利成分。只不过体现于前者，功利成分和感情成分不那么分得清得开，仿佛是水乳相融的。因为那一种功利成分是较单纯单一，完完全全可以直言坦言的——彼此在最基本的生存层面上依持互助。随着时代一年年商业特征逐渐明显，知青集会的功利成分也多了，显明了，为了消弭显明而暧昧了。所谓功利成分，无不或多或少地体现着发起者或个人、几个人或大家受益的功利意识和动机。起码满足的是号召力、凝聚力，证明的是对一种社会群体的调动能力。而后者们实现功利预测之方式方法和效果，也总是比前者们丰富并易于达到，远非前者们所能相比。功利的成分，也往往不那么单纯不那么单一了。有些不便直言坦言了。说道起来不免的有那么点儿闪烁其词讳莫如深遮遮掩掩了。

"黑土地回顾展"是我以比较积极的态度参与的一次返城知青的大型活动。

此后，北京、上海、天津、哈尔滨等城市，以师、团甚至小到以连为群体，组成了为数不少的北大荒知青"联谊会"，也相应地发起过几次活动，但我都没再参加过。据我想来，这些活动还是基本上以联络感情为出发点的，所体现的色彩基本上也只不过还是怀旧，还并未被其他功利目的所左右。

对于返城知青们的怀旧，世人似乎一向颇多讽意。仿佛返城知青们，都非是"向前看"的积极的社会分子，而是不可救药的"向后看"的令人惴惴不安的城市消极成分。这是误解。那颇多的讽意，更显得大可不必的刻薄和少见多怪。

我认为，一切国家、一切时代的临界中年的人们，一般总是有些怀旧的。怀旧乃是人类较普遍的"中年恐惧症"的表现之一种。某些人只知"老年恐惧症"，而不太注意到大多数人临界中年也是会产生不可名状的心理恐惧的。这种恐惧甚至强烈于人对老年的恐惧。所不同的是，"老年恐惧症"的怀旧内容往往跨越时空，直接地回到童年和少年时期。无人与之交流，他们便独自沉浸着，想象自己是儿童和少年时的忧乐种种。有人与之交流，回忆才顺序连上青年和成年时期。

老年人喜欢回忆童年往事；中年人喜欢回忆青年往事；青年人喜欢回忆少年往事。大抵如此，基本成规律。

也许只有少年是不怀旧的。

对于少年，昨天便是童年。昨天离"现在时"太近，近得难以剥隔。仿佛童年仍在延续着，还没完结，还在"现在时"演绎着相似的情节和故事。所以充分地占有着"现在时"，仿佛仍充分地直接地占有着昨天。所以用不着怀旧。

对于少年，明天似乎漫长而遥远，畅想时空广大无边。所以少年不是惯做"昨日梦"的年龄，而是惯做"明日梦"的"季节"。

青年是充满理想、憧憬或欲望、野心的年龄。大多数老年人已完全丧失了对以上诸方面的追求能力和竞争能力。即使仍执迷其中，也毕竟心有余而力不足了。情愿或不情愿地，明智或无奈地进入了人生的"无为"境界。而除了大多数老年人，另外只有大多数儿童类此境界。所以大多数老年人乐于直接地回忆童年和少年，可以叫做"合并人生同类项"。

又，人总喜欢回忆自己颇不寻常的经历。不管那是浪漫的还是苦难的，是人生逆境还是光荣资本。

在知青返城的前十年，他们皆从二十七八岁向三十七八岁匆匆地、毫无驻足稍停之机地疲于奔命地朝身后抛掷着他们的日子，皆不曾从容地消遣过美好的青春。青春对于他们似有若无，青春是他们的昨天，这昨天那么迅速地远离了"现在时"。身在"广阔天地"，他们还不太感觉到那一种迅速，倒是常常觉得度日如年。恰恰是在返城以后，岁月仿佛开始压缩着流逝了。于是大有度年如日之感。几乎皆愕诧于怎么一眨眼就是中年人了。于是"中年恐惧症"，作为中国的一种"代"的特征，从他们身上表现得格外明显。他们的怀旧，也就常以集体的方式，类似的色彩，并不想掩饰地张扬着。

他们怀旧便是缅怀自己的青春。

他们缅怀自己的青春便是回忆"上山下乡"的岁月。

那岁月里有他们的浪漫，也有他们的苦难；是他们的人生逆境，也常被他们自己视为人生资本。

将苦难和逆境中走过来的经历视为人生资本，乃是古今中外人类比较共同的"毛病"，非中国知青一代特有的也不值得投以讽意，更不值得大惊小怪。

但是，虽然返城知青们的怀旧等于缅怀青春等于回忆"上山下乡"的岁月；虽然"上山下乡"乃"文革"运动中之运动——却不等于念念不忘地回忆"文革"岁月更不等于缅怀"文革"。恰恰是在这一点上，中国返城知青们，首先被某些中国人故意地，甚至可以说是不怀好意地歪曲了，也可以说常常遭到不怀好意或别有用心的诬蔑和诽谤。那某些中国人，首先是些舞文弄墨者。诸如某些文人，某些记者——他们中自以为深刻，自以为敏感，又专好靠了这两种"自以为"煞有介事地经常吹出一串串是非泡沫的人。他们或她们像些雌雄螃蟹，吐沫自娱，总是企图引起世人对自己的注意。世上本无事，也没那么多所谓"热点"、"焦点"，有时纯粹是他们或她们搬弄起来的。他们和她们还是这样一些人——保全自己达到谨小慎微的程度，在大是大非大事件面前却一向畏畏怯怯，噤若寒蝉，这就使自己们的存在根本无法令人重视。但又常常沮丧于此，失意于此。那么只剩下一件事可做，便是搬弄是非借以营造泡沫话题。

在知青返城的前十年中，知青们的集会，往往被他们和她们武断地归结为"红卫兵情绪"。仿佛知青们一集会，"造反"又要开始了，"动乱"又要来了，"文革"又要重演了。由于他们或她们煞有介事的、杞人忧天的、故作深刻和敏感的话语鼓噪，颇影响当局对知青集会现象的正确判断和看法。当局本是对知青集会现象暗觉不安的，加之他们或她们煞有介事地分析，于是难免地布置防范，以应不测。因而知青们的集会，倘规模大了点儿，几乎必有公安局乃至安全部的便衣工作人员密切予以关注。甚至，连国外媒介亦受其迷惑，对中国返城知青的集会，做过多次离题万里的荒唐的报道。他们或她们中，有人自己也曾是知青，按理说对知青的集会现象，他们或她们是最能正确理解、最能正确加以分析的。但他们或她们往往偏不。偏要煞有介事地、故作深刻和敏感地向世人以及当局做莫须有之暗示。我对他们或她们是很厌恶的。而返城知青们集会前、集会中每每自我宣扬的发扬什么光大什么的"青春无悔"之表现，以我的眼看来，其实也带有故作性、表演性。很大的程度上是持一块盾，既保护自己不受莫须有意味的攻讦，也同时向当局和世人做"平安无事"的回答。后来情况有了好转。因为返城知青的一次次集会，从未给社会造成什么不安定。于是，当局和社会对此现象首先充分理解，他们或她们的暗示自然也就不再被理睬……

"黑土地回顾展"后，我常对《北大荒人名录》心怀几分忧虑。反思我当时支持出版的那番言论，觉得自己理想主义得有点可笑。返城知青显然不能成为永久长存的"城市公社"。一本"人名录"也根本不能成为促进互助的什么"宝典"。社会治安问题日渐严峻，险恶案件多多，倘大量流散世间，落入骗子歹徒手中，会不会被利用了呢？这种警惕性也许同样可笑。但据我想来，有比没有好。因而征求我意见要不要再版加印时，我明确表示了反对意见。

再其后，内蒙古兵团的知青们，出版了一本《草原启示录》。那也是一本很有价值的知青回忆录。

《风云录》和《启示录》，乃关于知青的两本姊妹书。它们的文学性当然会逊于知青小说，但资料价值却远非知青小说可比。

《黑土地回顾展》和《风云录》、《启示录》的出版，使返城知青们的集会活动此起彼伏，但都是些小规模小群体的集会。

大约一九九二年春节前，北京又在工人体育场举办了"老三届文艺汇演"。

此次汇演的策划最先由东北农场局宣传队和北京的"北大荒知青联谊会"的知青人士们共同提出，我曾被邀请发表建议。

汇演就要租场地，就要租乐器，就要聘请舞台美工，就要制景，就要提前排练……一句话，要钱。

策划者们较为乐观，较为自信，甚至较为兴奋。

他们说北京有多少北大荒知青？至少十万。半数人看，就是五万。每票百元，便是五百万。再保守些估计，即使有半数人的半数看，一笔回收也是相当可观的。

商业运作的色彩，随着人们头脑中经济意识的增长，那么便顺理成章地成为许多事情的前提和主导思想了。

这其实无可厚非。今天除了政府部门组织和在经费上支持的种种义演，已再没有任何非商业运作的演出了。

但当时我发表了言辞较激烈甚至可以说情绪有些冲动的反对意见。

我说，卖票我原则上也能接受，但要看谁来演，演些什么，水平如何。靠当年的知青们演，演些知青宣传队当年的节目，水平不难预见。纵然补充新的节目内容，也必是些匆匆编排的节目，水平还是可想而知。水平注定了不高，怎可向当年的知青售票？北京是大城市，数九寒天，又是晚上，返城知青们从四面八方汇集而来，看了一场水平不高的演出，而且还是花了钱买的票，心中会做何想法？我不信他们会带着满足感深更半夜地在寒冷中久候公共汽车回家……

策划者们说少演几场行不？票价低些行不？

我说不是少演几场的问题，据我估计，最多只能演一场。第二场就会来者寥寥。返城已经十几年了，别一相情愿地将知青们集会的心劲儿估计得过高。大家都是四十好几的人了，当年那份儿知青情结即使不泯，也不必非以这一种方式体现。至于票价，除非以相对的收支平衡为原则。如掺杂获利动机，我肯定是不参与的，也不会为此做什么……

我的激烈言辞等于是大泼冷水，气氛为之沉闷起来。

我说完，也不管别人的感觉怎样，起身匆匆而去。

后来，他们放弃了策划。可能我的话起了一定的作用。尽管我的话当时听来逆耳，但是经他们细细一想，也许认为还是有几分道理的。

大约一个星期后，内蒙古兵团的"首席召集人"马小力和一名似乎是当年插队山西的女知青来到我家。小力是《草原启示录》的总编辑。她们出示了一份演出策划书征求我的意见。我大略一看，觉得类似我激烈反对过的那一策划。一问，果然便是。原来那一策划被某文化公司接了过去。北大荒知青既放弃了，他们便找到内蒙古兵团的"首席召集人"马小力。出于拓宽对象范围的考虑，将"北大荒知青"主题改为更宽更大的"老三届"主题。

我坦率地向马小力重申了我的顾虑和不变的态度。

小力沉思良久，也对我直言：第一，此事必做不可，因合同已签，前期经费已投入，有些节目也已开始排练，而且已进行宣传，没了退路。第二，预先没想那么多，但认为我的顾虑不无道理。第三，接受我的建议，摒除一切商业目的，以不售票为大前提。至于资金，她负责"化缘"。有多少钱，做多大事。倘出现超支，亦由她尽量解决。倘经费居然还剩余，则以某种方式慰问某些知青。

她的当场决定甚合我意，也令我大为感动，于是我表示愿意参加，并做我力所能及之事。实际上小力再没为此事"麻烦"过我，我除了对节目单提出某些调整和补充意见，根本没奉献过时间和精力，只不过届时前去观看了演出。

入场的人比我预料的要多些。演出者们情绪较饱满，观看者们的情绪也较共鸣。谈不上水平，但是台上台下气氛融洽热烈。节目中当然少不了某些"老三届"当年熟悉的知青"革命歌曲"。刻薄之人也当然有理由据此大加嘲讽。但在我看来，那除了是共同的怀旧，娱乐一场，并不能说明别的什么。因为不售票，实际上仅仅意味着一些当年是宣传队员的知青，返城十几年以后，在春节之前，向另一些知青表达一种未相忘的情感。

据我所知，许多在环卫单位和殡仪馆工作的知青以及他们的子女，被特别优待地安排在一等座位。

对于他们，也许只有在这种活动中，才能不花钱而坐一等座位吧？也只有在这种活动中，才能觉得自己和台上的演出者之间有深厚的情感关系吧？

据我所知，最终结算下来，经费还是超支了。所幸超的不是太多。

至于小力是怎么堵上这个窟窿的，我就不得而知了。

难得马小力那一种开弓没有回头箭的精神和"一切包在我身上"的气魄。

那一场义务演出的义务主持人是王刚。

它是我参加的最后一次知青活动。

此后，我有意识地渐渐远离一切所谓的知青话题。北京以及其他各城市的知青，也再没发起过算得上任何社会现象的知青活动。传媒中五花八门的话题层出不穷。"花边儿"炒成大块儿新闻的事例比比皆是。中国已进入空前的泡沫话题泛滥成灾的时代。城市人被此泡沫整日淹没其中，谁都烦得要命但是却无处逃避。我每每暗自庆幸所谓知青话题的归于寂然。心想这对知青们首先是天大的好事。不是明星不是演艺圈内人，终于被整体地忘却了，终于不再被整体地说长论短了，也终于都能够面对身为父母身为中年人的现实而"相忘于江湖"，这比总被整体地当成件似有分量其实已毫无分量不关大多数城里人痛痒之事一再地旧话重提老生常谈要强得多啊！有时候被忘却简直意味着是被仁慈地赦免。

而今年，是"上山下乡"运动三十周年，是知青返城二十周年——会有不甘寂寞的知青发起什么纪念活动吗？

我想，肯定不会的。

我想，我的大多数同代人，经历了十年的农村"再教育"又经历了二十年的城市"再教育"，对于自己远逝了的昨天肯定早已是欲说还休了。这后十年的欲说还休与前十年的欲休还说心理况味大为不同。并且，也该终于省悟，改写了各自命运的那件三十年前的大事，原来从任何方面都是无须以任何形式纪念的。不管是多少周年，其实对自己们的"现在时"，都已经毫无必要毫无意义了。

由别人想着，达到的纯粹是别人的目的。

自己念念不忘，继续蚀损的纯粹是自己的心智。

我想，即使有人又策划什么活动，那人也许反而非是知青。因为若是知青，当能理解知青们甘于消弭掉知青情结甘于寂寞的心。

当然，书还是尽管出，唱片还是尽管制作，专题片访谈录还是尽管拍摄。

因为许多人毕竟还得做自己职业要求做的事情。

这才是从现在至以后知青话题老生常谈的真相。

但是谁若企图使知青话题又热起来，恐怕使尽浑身解数也是枉然了。

而我此篇，将是我关于知青话题的最后一堆文字。

一堆告别式的文字。

终结性的自言自语……

二、知青与红卫兵

"文革"是知青的"受孕"时辰。

"广阔天地"是孕育知青的"子宫"。

红卫兵是知青的"胎记"。这胎记曾被知青们上几代人和下几代人中的相当一部分视为共和国母亲教育彻底失败的"逆子"。又好比《水浒传》中林冲们、杨志们被发配前烙在脸颊上的"火印"。那是秩序社会的"反叛分子"们永远抹不去的标志。是哪怕改过自新了也还将永远昭告于脸上的污点。中国民间有句俗话——"树活一张皮，人活一张脸。"秩序社会的"火印"烙在"反叛分子"们的脸上，是比发配本身还严厉的惩办。比"黑名单"高明。所以，在古代，一个人脸上若被烙了"火印"，那么就被公认为是社会异类了。连牛二式的泼皮们，也是可以瞪起眼斥之曰"贼配军"的。然古代的"火印"，并不往任何女犯的脸上烙，以此体现着对女性的一点儿宽大。但是中国当代的知青们，由于经历了"文革"，由于在"文革"中十之八九都曾是红卫兵，由于红卫兵当年的种种恶劣行径和后来的声名狼藉，知青们不分男女，凡曾戴过红卫兵袖标的，便似乎都与"十年浩劫"难逃干系，便似乎都应承担着几分历史罪责了。当代的"火印"，虽非烙在他们或她们脸上，只不过烙在他们和她们自己都没法跨越的经历中，却和烙在脸上是差不多的。一看年龄，再了解出身，便可断定他们和她们当年准是红卫兵。于是便使许多中国人不禁地回忆起，自己当年曾如何如何怎样怎样地被红卫兵冷酷无情地迫害过。

所以，知青返城初期，尽管命运悲凉，境况艰难，但城市对他们和她们的态度，是同情与歧视参半的。

"活该！自作自受！"

"没有理由抱怨，只有理由忏悔！"

"大多数应该永远驱逐，不得返城！"

"变相垮掉的一代！"

"狼孩儿！整代都是狼孩儿！"

"中国只能将希望的目光从这报废的一代的身上超越过去，直接投注于下一代身上！"

当年我听许多上一代人，包括许多一向心肠宽厚的知识分子和德高望重的革命老人，都曾憾然而耿耿于怀地说过类似的话。

"当年你们为什么要那么凶恶？"

"政治热忱和凶恶行径怎能混为一谈？"

"你们这一代应该被永远牢牢钉在中国历史的耻辱柱上！"

"你们当年的'革命'方式令人发指！"

当年，我曾听许多上一代人说过类似的话，质问中，谴责与困惑参半。

所以，当年有一首唱出返城知青心理自白的歌——《我是一匹来自荒原的狼》。

歌曰：

我是一匹来自荒原的狼，

城市曾是我家，

我的前身是被逐的青年。

我日夜思念我的亲娘，

只有娘对我们怀着温良……

如今，知青与城市，知青与上几代人或下几代人之间的抵牾，似乎早已被后来的岁月消除。隔阂似乎早已拆通。政治色彩的代沟似乎早已填平。但是，将绝大多数知青与令人谈虎色变的红卫兵剥离开来，仍是有必要进行的一件事。此事虽然已不再影响知青们的现在，但是对于尽量恢复历史的真实还是应该的。

在一九九四和一九九六年，我曾两次接受过德国两家电视台采访。后一次的摄像，还是名片《紫色》的一位摄影。地点都在"黑土地"餐厅。采访内容都是关于知青和红卫兵。

第一次，矮而且胖的，几乎秃顶，圆头圆脑的德国人自以为是地，言之凿凿地质问："你们红卫兵当年杀害了自己的同胞，这是人类近代史上最可耻的一页，而你们从来也没忏悔过，请问你对此……"

在摄像机镜头前，被一个分明怀着政治挑衅心理的德国男人面对面地凝视着，听他以国际法官似的口吻提出审讯般的问题，使我觉得情形不但十分严肃，并且严肃得引起我强烈的反感。尤其是，一想到他来自于一个法西斯主义主宰过的国家，一想到那个自认为是世界上最优等的民族在二战时期对犹太人灭绝人性的屠杀，更觉得严肃中包含着荒唐。

所以我不客气地打断他的话（实际上是打断了替他充当翻译的中国同胞的话，他看上去是我的同代人），我说："先生，请你不要一再用'你们红卫兵'这样的指谓对我提问题！我这个红卫兵当年没有伤害过任何人！恰恰相反，我曾尽量以我所能做到的方式同情过被伤害的人！我很负责任地告诉你，不是所有的红卫兵当年都如你所想象的那样是法西斯分子和盖世太保！绝大多数红卫兵，其实没打过人，没直接凌辱或迫害过人，没抄过家，更不一律是杀人凶手！要说可耻，我们两国历史上都有类似的污点！而你们的污点更大。如果说我们的污点中有大量墨的成分（我认为更多的红卫兵是通过'大字报'的方式伤害了别人），那么你们的污点百分之百是鲜血凝成的！至于谈到忏悔，你怎么知道当年的红卫兵现在不忏悔？我了解的中国红卫兵，其实几乎百分之百地忏悔过！'文革'中红卫兵并没伤害到外国去，所以只对中国忏悔，没必要对全世界下跪！尤其不必对你们德国人表示忏悔！……"

我早已看出充当翻译的我的中国同胞，一次次"贪污"了我的话。

于是我指着他说："你他妈的要照实翻译！不要因为他付你翻译费你就怕得罪他们！如果你不照实翻译，我起身便走！那么最尴尬的是你！"

他翻译后，我缓和了口吻，问他是什么家庭出身。

他低声回答是工人家庭出身。

我说："那么你当年肯定也是红卫兵无疑。如果你小子当年打过人，那么你自己回答他，你当年打人时心里是怎么想的；如果你当年没打过人，那么你告诉他，没打过人的红卫兵当年确有。在他面前的你我便是！"

他的脸腾地红了。

为什么外国的电视台，采访中国的当代返城知青亦即当年的红卫兵，都偏偏要选择在"黑土地"进行呢？——因为那里四壁贴着毛泽东当年身穿军装，挥起巨手发动"文革"的一幅幅宣传画。

在这样的环境里，他们主观想象"黑土地"是当年希特勒每周一发表政治讲演的诺伊曼咖啡馆。想象在中国，在"文革"结束十七八年后，红卫兵阴魂不散，仍经常以返城知青的身份每晚聚于"黑土地"，一边大快朵颐一边回忆"峥嵘岁月稠"。也许，还进一步想象，秘密策划中国的第二次"文革"……

所以，倒是他们自己的脸上，都有种心照不宣的颇神秘的表情。仿佛他们的摄像机摄下的，可能将是某一天突然变成现实的珍贵的历史资料。

那一天外边下着霏霏细雨。他们甚至可笑地，也有几分难以启齿地请求我再从外往里走一次。我满足了他们这一请求。扛摄影机的德国先生，半蹲着在我前边倒退上楼——我懂电影电视，我知道那是在拍我的腿部……

在中国、在北京、在一个雨夜，一双腿沿着狭窄的楼梯而上——镜头一变，空间豁然宽敞，四壁皆是当年的"文革"宣传画……

倘再配上如此旁白——"当年的中国红卫兵们，今天以返城知青的身份，经常聚集在这个专为他们开的餐厅讨论中国当前政治，总结'文革'经验……"云云，那一定是非常能蒙他们本国人的。

　　我满足他们的请求，实在是因为他们的可笑简直使我觉得可以游戏的心情对待他们的采访。

　　那一天晚上小餐厅无人用餐。大餐厅里只有两桌人。一位老女人，不是奶奶必是姥姥辈的年龄最长者；六十岁左右的一对夫妇；三十岁左右的儿、媳或女儿和女婿；一个三四岁的男孩儿。分明是一家六口。六十岁左右的父母不可能当过红卫兵；三十岁左右的小两口大约出生于六四年或六五年，那么1977年"文革"结束时才十一二岁，也不可能是红卫兵。显然，这一六口之家的每一成员都不可能有什么"红卫兵情结"。他们到"黑土地"用餐，不外乎两种原因——或是离家近，或是专为吃东北菜而至。

　　另一桌就是我这个中国人和德国的采访者们。而我们到这里来不是为了用餐。于德国的先生们是"醉翁之意不在酒"，于我，纯粹是出于礼貌，为照顾他们的情绪。

　　德国的先生们大约感觉到了摄入镜头的气氛不够理想，还去采访那一家人，通过中国翻译尽问傻话。比如：

　　"你们一家为什么偏偏到这里来吃饭？"

　　"到这里来吃饭是希望引起特别的回忆吗？"

　　"那一种回忆对你们很难忘吗？有什么重要的意义吗？"

　　可他们却遭到了相当冷淡的对待，显然那一家人不高兴他们的用餐受到滋扰。

　　于是我说："先生们，我知道你们多么想要获得哪一种回答。让我告诉你们，我这个知青和当年的红卫兵，是第二次到这里。第一次是开会在这里用公餐。据我所知，这里并非当年的知青常来的地方，因为北京有许多比这里便宜的餐厅。出差的外地人倒是常来，因为他们吃的大抵是公款。而相对于公款，到这里来又算低消费。至于用图钉按在墙上的知青名片，我第一次来时就有了。此次来并不见知青名片增加了。至于那些'文革'时期的宣传画，依我看纯粹是出于商业经营的目的，与有些餐馆悬挂旧上海的月份牌美女的目的没什么两样。总之先生们最好明白，这里根本不是德国当年的诺伊曼咖啡馆。这里根本不是什么具有政治色彩的地方，其与北京的一切餐馆饭店毫无区别。先生们的想象不但太主观，而且太好奇。在中国，出现毛泽东的画像，哪怕是他"文革"时期的画像，与在德国又出现希特勒的画像是完全不同的事。如果先生们对此并不明白，那么意味着你们对希特勒还缺乏起码的认识，对毛泽东的认识也是极其简单肤浅的……"

我看出，我这个被采访者，不但使他们感到一时难以驾驭，同时也使他们感到极为沮丧。

第二次在"黑土地"接受德国电视台的采访，我预先就通过翻译向采访者们指出了"第三只眼看中国"的误区，而且坦率言明了在同一地方接受第一次采访的感想。我的先发制人打乱了他们的采访计划，他们不再问红卫兵，不再问"文革"，而问中国的"改革"和经济问题了……

从"文革"至今，国外关于中国红卫兵和知青的文章书籍相当不少，似乎具有颇执着的追踪性。只要今天的中国返城知青一有活动，其活动几乎立即就被涂上了政治色彩，而且总是与知青们的前身红卫兵联系在一起加以主观评述。国内这样煞有介事的言论虽已不多见，但也不是完全消亡了。

仿佛，有一根脐带，始终若隐若现地将知青与红卫兵各拴一头儿，所谓"剪不断，理还乱"。

我认为，红卫兵该当是声名狼藉的称号。如果居然不是这样，那么中国简直不可救药。

我认为，当年很凶恶的红卫兵，只是极少数。大多数红卫兵，只不过是身不由己地被"文革"所卷挟的青少年男女。他们和她们，既不但自己没打过人，没凌辱过人，没抄过别人的家；而且，即使在当年，对于此类"革命行动"也是暗存怀疑的，起码是暗存困惑的。

对于大学里的红卫兵，我们姑且不谈。但有一点值得指出——几乎全国一切大学里的红卫兵，都曾分裂为两派。一曰"造反派"，一曰"保皇派"。"保皇派"一般反对打砸抢，反对武斗，反对"触及皮肉"。"保皇派"们高举的旗号是"十六条"。"十六条"是按毛主席的指示以"党中央"的名义颁布的。但毛主席在"文革"初期实际欣赏的是"造反派"，反而并不太喜欢主张严格遵守"十六条"的红卫兵们。所以，江青才敢在大学的红卫兵代表大会上公然说："好人打好人误会，好人打坏人活该！"并提出了使"造反派"们欢呼"江青同志万岁"的唯恐天下乱得还不够的口号——"文攻武卫"。而哈尔滨军事工程学院当年最大的"保皇派"红卫兵组织"八八团",乃是由毛主席亲自传旨解散的。以上历史情况起码可以说明,无论在大学里、高中里还是初中里,确曾有一批红卫兵,他们的本愿其实是只想动笔,不愿动手,只想批判别人的思想、路线,不愿逼得别人家破人亡。总而言之,他们希望以较文明的方式表现自己"关心国家大事"。虽然,他们也是被利用的工具,也客观上起到了对"文革"推波助澜的作用,但主观上毕竟与很凶恶的红卫兵有区别。

"老三届",是指"文革"开始之前,已经读到了初三初二初一、高三高二高一的学生;"新三届",是指"文革"中由小学升入初中或由初中升入高中的学生。"新三届"中,有相当数量的学生,在红卫兵"造反有理"的两年内是小学生,是红小兵。即使也"造反"过,对他人对社会的危害毕竟不那么大。只有极少数"文革"中的初中生后来升入高中。他们升入高中后,"上山下乡"已开始。红卫兵运动的气数已进入尾声。他们的红卫兵劣迹,是在升入高中以前,亦即在身份是"老三届"的"停课闹革命"的两年里。而他们并未能如愿以偿读完高中,很快也难幸免地"上山下乡"了……

所以,除却大学不作分析,初中高中红卫兵们的劣迹,主要发生在"老三届"中,"新三届"的同代人,显然比较冤枉地受了红卫兵狼藉名声的牵连,其大多数当予以平反。

在"老三届"中,以我的初中母校哈尔滨二十九中为例,略作回顾,便见分晓。我所在的初三九班五十四名学生中,仅一人在某次批判会上打过某位教俄语的男老师一次,另有一二人参加过抄家。因为他们在班里是太少数,所以我的记忆很牢固。打过老师的那名同学,当年是我们一些关系较好的同学之一。而且,正因为关系较好,又因为那次批判会是本班级范围内的一次极小型批判会,所以才有人敢于公开遏制。当然,公开而严厉遏制的,是我和另外几个他的朋友。事后我们都很生他的气,数日内不愿理他,并且告知了他母亲。他母亲又将他狠狠训了一顿。近几年我回哈市,与初中老同学相聚时,共同忆起当年事,他们都不免地自言惭愧。我们全校三个初中年级共一千二百余名学生,屈指算来,当年有过凌辱师长打骂师长劣迹的,组织过参加过抄家的,最多不超三十人。而且,几乎一向是他们。他们中有平素的好学生，也有名声不太好的学生。好学生，唯恐被视为旧教育路线的"黑苗子"，故"决裂"特别彻底，表现特别激烈。希望通过"造反"，校正自己的形象，重新获得"无产阶级教育路线"对自己的好印象，依然是"苗子"。至于那些名声不太好的学生当年的真实想法，据我分析不外乎三种：一、投机。过去我不是好学生，现在好与不好的标准不同了，甚至截然相反了，我终于可以也是了吧？不就是"革命"不就是"造反"吗？比功课方面的竞争容易多了，也痛快多了。"该出手时就出手"，不"出手"白不"出手"，"革命"鼓励如此，何乐而不为呢？二、泄私愤。过去我怎么不好了？哪点儿不好了？原来不是我不好，而是过去的教育路线教育制度不好，是老师们校长们教导主任们过去不好。原来我受委屈了，始终被压制着啊！有毛主席撑腰，现在该轮到我抖抖威风了。哼，他们也有今天！三、自幼受善的教育太少太少，受恶的影响太多太多。心灵或曰心理有问题。那恶的影响也许来自不良家庭成员的怂恿或教唆，甚至可能干脆是从父母那儿继承来的。也许非是来自家庭，而来自家庭学校以外的某一恶环境。他们其实并无什么投机之念，也颇不在乎自己给哪一条教育路线哪一种印象。只不过快感于自己心灵中恶的合法又任意的释放。你若问他对哪位师长曾怀恨在心，他们极可能大摇其头道这是根本没有的事儿！而这又可能是真的。但他们就是抑制不住地非常亢奋地去凌辱人伤害人打人。那使他们体验到无法形容的快感。这些人是最冷酷最危险的红卫兵。如果"革命"号召用刀，他们便会公开杀人取乐。像日德法西斯当年屠杀我们的同胞屠杀犹太人一样。恰恰是这样一些红卫兵，后来绝少忏悔，甚至于今也不忏悔。谈起自己当年的行径往往狡辩地说："当年我被利用了，上当受骗了。"

在"文革"中，有另一种现象也很值得分析研究，那就是——凡重点中学的红卫兵，有高中的中学的红卫兵，和各大城市的女中的某些女红卫兵以及最差的中学的红卫兵，其"革命"皆表现出严重的暴力倾向。

哈尔滨市有几所中学当年又叫"工读中学"，其学生成分较为复杂，有就近入学的，也有落榜后扩招的学生，还有经过短期劳教的少男少女。社会看待这类学校的目光难免会带有成见甚至偏见，这类学校的学生也常常敏感到自己是被划入另册的。所以他们的"造反"不无对社会进行公开报复的意味。前边分析到的心灵或曰心理有问题的学生，在这类学校较其他学校多一些。所以这类学校注定了是中学"文革"运动的重灾区。

重点中学的红卫兵一向心理优越，故戴上了红卫兵袖标，依然要证明自己的优越，依然要以"革命"的方式体味那一种优越的感觉。加之这些中学既曰重点，当然办学方针上"罪名"更多，因而给了这些中学的红卫兵们更大的"造反"理由和空间。好比这样的一种情形——幼儿园的阿姨问某些受偏爱的孩子："阿姨处处优待你，你怎么偏偏带头调皮？"

孩子回答："正因为你处处优待我，所以你有罪。"

他不是不喜欢被优待，而是带头"调皮"时，能体味到区别于其他调皮孩子的另一种优越感。这另一种优越感比一向被优待的优越感更能使他获得心理上的满足。

上高中是为了考大学。尤其重点中学的高中生们，一脚在大学门里，一脚却在大学门外——"文革"正是在这种个人前途攸关的时候明明白白地告知他们："革命"积极的可以继续上大学。高考制度废除了，上大学完全不需要考试，只以"革命"的表现来论资格。"革命"特别积极的，甚至可以直接培养为革命干部队伍的接班人；表现消极的，那只能怪你自己，那你白上高中了。这已经不是教育制度的"改革"问题，而是不折不扣的政治诱导了。又，在全国各大城市，凡有高中的中学，几乎皆是各级重点中学。这类学校的红卫兵"革命"精神高涨，实属必然。在这类学校，高中红卫兵才是主角，初中红卫兵只不过是配角罢了。

至于女中的某些女红卫兵们何以特别凶恶，我多年来一直想不大明白。但是我曾亲见过她们抡起皮带抽人时的狠劲儿，凌辱人时的别出心裁，仿佛在这一点上，要与某些凶恶的男红卫兵一比高下。真的，我至今也想不大明白。或许，仅仅要以此方式引起男性们对自己们是不寻常之女性的性别注意？与如今某些女性以奇装异服吸引男人们的目光出于同念？

当年，普通中学的红卫兵，往往大多数是"革命"行为不怎么暴烈的红卫兵。

似合乎着这样的逻辑：平庸的环境中多出"平庸之辈"。

我的中学母校恰是一所普通初中。

我这个红卫兵在"文革"中不争的"温良恭俭让",还因我的哥哥是从这所初中考入全市的头牌重点高中继而考上大学的。从校长到教导主任再到许多老师,都认识我,知道我是他们共同喜欢的一个毕业生的弟弟,就是逼我,我也不愿做出任何伤害他们的事。我下乡后,每年探家,甚至落户北京后每年探家,差不多总是要去看望我哥哥当年的班主任……

还有一些中等专业学校的红卫兵们,"革命"的暴力倾向当年也有目共睹。这可能是由于,他们的身份将很快不再是学生,而他们其实很留恋学生身份。红卫兵是他们以学生身份所进行的最后的人生表演。因为是最后的,所以格外投入,而且希望一再加场。

当年哈尔滨市电力工程学校某红卫兵组织叫做"红色恐怖造反团"。它不但自认为是绝对红色的,而且确实追求恐怖行为。此红卫兵组织当年使许多哈尔滨人闻之不寒而栗。

还以我的初中母校为例,三十余人虽然只不过是一千二百余人的四十分之一,但也足以使一所初中变成他们随心所欲的"革命娱乐场"。母校的校长、教导主任以及数名老师都遭到过他们的凌辱。比如被乱剪过头发,被用墨汁抹过"鬼脸",被抄过家。

而起码有半数学生,在那种情况之下不得不呼喊口号,以示自己对"文革"并无政治抵触。这实际上也等于直接支持了他们,间接伤害了被伤害者。有几次,我也是这类红卫兵之一。仅仅为了一份合格的"文革"鉴定,我虽然违心但是毕竟参加过所谓的批斗会。

一次挂牌子、戴高帽、弯腰低头的批斗过程中,突然有一名手拿墨汁瓶的学生走上台,台下的学生还没有反应过来他究竟要干什么,被批斗者们的脸上、身上就都已变黑。

刹那间,台下极为肃静。

那是发生在我的母校的第一次公开凌辱师长的行为。那一名学生"文革"前因某种劣迹受到过处分。

台下刹那间的肃静说明了许多学生当时的心理状态。他们不但震惊,同时还产生了反感。

我当时的心理更是如此。我在《一个红卫兵的自白》中对这件事做过较详细的描述。

于是台上的学生在那一阵异常的肃静中振臂高呼"造反有理，革命无罪"之口号。

台下呼应者寥寥无几。

有名女生怯怯地喊了句："要批判思想，不要凌辱人格！"

她的声音立刻被台上的口号压住……

当然，挂牌子、戴高帽、弯腰低头也是对人格的凌辱，但却似乎在大多数"文革"中人的接受范围以内，并不认为过激。

亲眼目睹了数次凌辱事件以后，我的心理对此现象竟渐渐麻木了，反应不像第一次那么敏感了。仿佛这也属于"革命"的常规现象了，所谓见多不怪了。

我想，大多数"文革"中人，其心理渐趋麻木的过程应和我一样吧。

又一次，我与几名同班同学到我家附近一所中学去打篮球，见操场上围了一圈那所中学的学生——有一个人颈上被拴了链子，被抹了"鬼脸"，像狗似的被牵着绕着操场爬，还在被踢着的情况下学狗叫……

那人是那所中学的校长。

我和几名同学见状转身便走。我们都是老百姓家的孩子。我们的父母都很善良。我们的心灵中无恶。对于我们所憎恶的现象，我们也只有默默转身走开。因为你根本不可能制止得了。你的制止在当年也肯定不同于现在提倡的见义勇为，反而会使遭凌辱的人雪上加霜。

保守一些估计，平均下来，倘每所中学有五十名凶恶的红卫兵，那么全哈尔滨市近八十所中学，就是一支四千余人的具有暴力倾向、虐待倾向的"队伍"。算上中专、大专、大学的同类红卫兵，再算上各企业各机关单位的同类人，将是一支三万余人的"队伍"。相对于二百余万人，三万余人仍只不过是七十分之一。

但就是这三万余人，就是这七十分之一，也足以使整个城市乌烟瘴气，全面混乱，人人觉得危机四伏，做梦都担心某一日在毫无心理准备的情况下突然被宣布为"革命"对象甚至"革命"的敌人。正如一首古词中所写："唢呐唢呐，直吹得鸡惊狗跳鹅飞罢！"——"文革"的宣传鼓动，便似那词中的唢呐……

那三万余人，七十分之一，乃当年生逢其时的"造反英雄"，仿佛天下者是他们的天下，国家者是他们的国家。除了毛主席本人，没有任何权威可限制他们的几乎任何"革命"行动。

当年，哈尔滨军事工程学院"红色造反团"的头头们，因不断制造武斗在北京接受周总理调解时，甚至趾高气扬，根本不将周总理放在眼里。

当年哈尔滨红卫兵人数对比、思想对比和心理对比的概况，我认为，基本上也就是全国学生红卫兵的概况。

当年，最凶恶的红卫兵依次"活跃"于以下城市——北京、长沙、武汉、成都、哈尔滨、长春以及新疆、云南、内蒙古……

而北京有着为数最多的军人家庭的红卫兵。他们的凶恶甚于一切红卫兵。他们的"革命"在许多方面模仿他们父辈当年的革命，以"革命"是"急风暴雨式的暴烈的行动"为理论。而这理论亦正是他们的父辈当年遵循着夺取政权的革命理论。

所以，当年我对北京军人家庭的红卫兵，是心存厌憎的。因我无法分出当年的他们谁更凶恶，谁更人道，便只有一概地厌憎。当然，于今想来，他们中肯定也是大有区别的。也许，《阳光灿烂的日子里》的男主角们，便算是不怎么凶恶的了吧？

当年北京的某些女红卫兵，比全国其他一切城市的女红卫兵都心狠，颇敢往死里打人。

有次与舒乙先生谈起他父亲老舍，舒乙说："你能想到吗？当年肆意凌辱我父亲的，打他的，大多数是些中学的女红卫兵呀！按年龄还是些少女啊！……"

我说："红卫兵和红卫兵不太一样。"

他说："那倒是。有次又有些红卫兵闯入我家，就是些比较温良的红卫兵。'文革'中养花不是属于资产阶级生活方式吗？可她们并没毁掉我家的花。临走还在门上贴了一张告示——'这家的老太太是画画的，可以允许养花，警告任何红卫兵组织不得采取极端行动'……"

舒乙先生说时流露出几分感慨的样子。

我下乡不久，便当了男知青们的班长。因为最初连队总共十几名男知青，也就只有一个男知青班。我的知青知己是和我同校且同班的同学杨志松，他如今在《健康报》工作。除了我俩，其他男知青来自三四所中学。有一名"工读"学校的高二的男知青，胸前一片狰狞可怖的疤痕，据我后来所知，便是下乡前在武斗中被火药枪喷射的。和他同校的一名初二的知青，曾神秘地向我透露——他是一名有恶迹嫌疑的红卫兵小头目，下乡纯粹是为了躲避追究。半年后他从我们连队消失了，据传是被恢复神圣使命的公安部门押解回城市去了……

一天中午，我正午睡，被杨志松拖起，让我去制止知青的打人暴行。离知青宿舍不远的院子里，住着一名单身的当地男人，五十余岁，被列为"特嫌"人物，出入受到限制和监视。我班里的三四名知青，中午便去逼供。等我和杨志松走入院子，他们正从屋里出来，一个个脸上神色颇为不安。为首的，一边从我们身旁走过一边嘟囔："真狡猾，装死！……"

我匆匆走入屋里，见床上的人面朝墙蜷缩着，不动也无声息。

我走近叫了他几声，他仿佛睡着了。我闻到了一股屎尿味儿。时值盛夏，我见他的裸背上有几处青紫。

我追上班里那三四名战士，喝问他们是不是打人了。

他们都摇头说没打。

"没打他身上为什么有好几处青紫？！"我心头不禁冒火，拦住他们，不许他们走。

为首的终于交代："他不招嘛，所以，只轻轻打了几下……"

我不认为这是小事，立即转身赶去指导员家汇报。

半小时后，连里的干部和卫生所的一名医生都赶往那屋子。

那人已经死了。

他们打他时，往他口中塞了布，所以，尽管那院子离知青宿舍很近，但午睡中的我，却并没听到一声哀叫。那件事使我在相当长的日子里内心感到自责。因为我是班长，有三四名知青不在宿舍里睡午觉，我却没想到问问他们究竟干什么去了……

连卫生所医生开的死亡诊断是"突发性脑溢血"。

然而我清楚，医生清楚，连里的干部也清楚，那人实际上是被用木棒活活打死的。

我要求连里严厉惩处那几名知青，连干部们出于自身责任的种种考虑，只给予了他们口头警告。为首者，还是副班长。我又要求连里起码撤销他的副班长职务，否则我就不再担任班长。连干部们见我态度强硬，只得照办。但从此那几名知青便对我耿耿于怀，而我也不再对他们有一点儿好脸色……

我当了小学教师以后，知死者是我一名学生的亲"大爷"。不久，又知死者根本不是什么"苏修"特务……

"黑土地回顾展"结束，一些北京知青与一些外地知青相聚叙旧的场合下，有一名外地知青谈到他那篇收在《北大荒风云录》的文章时说——当年我们思想太单纯太革命了，所以就难免做下了些错事……

恰巧，他那篇自述性的文章我看过——他下乡后，在一个冬季里，将一名老职工一个"大背"摔进了满着冰水的马槽里，那老职工当即昏晕在马槽里，全身浸没水中……

只因为那老职工偷过点儿连里的麦子喂自家的鸡……

几天后那老职工死了……

我问他："你如今忏悔了？"

他说："是啊，要不我能写出来吗？"

而我之所以那样问他，是因为我读他的文章时根本没读出什么忏悔的意味。写自己当年的暴力行径绘声绘色，最后的一行忏悔也只不过是用文字公开重申——自己当年太革命因而太冲动了……

我又说："你当年的行径和思想单纯与'革命'二字有什么关系？"

他一怔，反问："那你说和什么有关系？"

我冷下脸道："只和你的心理有关系！证明你内心原本就有一种恶。至于为什么有，你最应该自问！你现在还没找到正确的答案，证明你的忏悔根本算不上忏悔！……"

我说时，连连拍桌子，四座因而不安……

今年，当我们整代人回忆我们差不多共同的经历时（即使我们自己并不愿回忆，也还是要被别人一再地劝说着进行回忆。甚至，由别人替我们进行回忆。因为这回忆多多少少总会带动些经济效益），我们几乎都一致地，心照不宣地，讳莫如深地避开了这一点——三十二年前，在我们还不是知青的两年前，我们的另一种经历另一种身份是红卫兵。

而红卫兵曾给许许多多家庭、许许多多中国人造成了终生难忘的伤痛。

它不但声名狼藉并且是"文革"暴力的同义词。

的确，它是我们的"胎记"，是我们脸上的"火印"。

它几乎使我们整代人中的每一个一旦遭遇"文革"话题则不免地羞愧无言。就如林冲们、杨志们一旦被人正面注视，立刻就能明白别人在盯盯盯着自己脸上的什么。

而依我想来，"文革"话题在中国，也许将比知青话题更长久。起码，将会是你中有我、我中有你共存共亡的两个话题，似母子关系。

而我最终要说的是：

第一，不是整整一代人中当年凡戴过红卫兵袖标的，皆凶恶少年或残忍少女。

第二，所以这一代人中的大多数，亦即接着成了知青的人中的大多数，应被从以后的"文革"话题中予以解脱。事实是，这大多数，其实并不比当年全中国的大多数人更疯狂。

第三，疯狂的红卫兵有之，凶恶的残忍的红卫兵亦有之。倘他们于今仍自言"当年太单纯太革命了"，那么则意味着他们仍毫无忏悔，仍在狡辩；倘我们作为同代人替他们说，则意味着我们仍在替他们洗刷劣迹。而想想我们当年面对他们的凶恶和残忍做过配角和观众（全中国人几乎皆如此！），由我们替他们洗刷劣迹又是多么具有讽刺性质！倘由以后仍热衷于"文革"话题的人仅从政治上去分析，那么不但不能得出更客观更接近真相的结论，也根本无法将他们和大多数区别开来……

最后，我将知青与红卫兵连在一起分析，乃是要达到这样的目的：倘我们的次代人或我们的儿女们今后发问："你们自己是不是觉得自作自受呢？"——返城二十年间，这难道不是我们常常听到的冷言冷语吗？

而我们可以毫不躲闪地、坦率地、心中无愧地迎住他们的目光回答说："我们大多数的本性一点儿也不凶恶。我们的心肠和你们今天的心肠毫无二致。我们这一代无法抗拒当年每一个中国人都无法抗拒的事。我们也不可能代替全中国人忏悔。'上山下乡'只不过是我们的命运，我们从未将此命运当成报应承受过！……"

三、知青与知识

据我所知，"知识青年"之统称，早在"五四"之前就产生了。那时，爱国的有识之士们，奔走呼号于"教育救国"。于是在许多城市青年中，鼓动起了勤奋求学以提高自身文化素质，储备自身知识能量，希望将来靠更丰富的才智报效国家的潮流。用现在的说法，那是当年的时代"热点"。许多不甘平庸的农村青年也热切于此愿望，呼应时代潮流，纷纷来到城市，边务工，边求学。

那时，中国读得起书的青年有限。好在学科单纯，且以文为主。读到高中以上，便理所当然地被视为"小知识分子"了。能读能写，便皆属"知识青年"了。而达到能读能写的文化程度，其实只要具备小学五年级以上至初中三年级以下的国文水平，就绰绰有余了。那时具备初中国文水平的男女青年，其诗才文采，远在如今的高中生们之上。甚至，也远非如今文科大学的一二年级学生们可比。

那时，"知识青年"之统称，是仅区别于大小知识分子而言的，是后者的"预备队"。而在大批的文盲青年心目中，其实便等同于知识分子了。

他们后来在"五四"运动中，起到过历史不可忽略的作用。虽非主导，但却是先锋，是恰如其分的主力军。

建国后，城市首先实行中学普及教育。文盲青年在城市中日渐消亡，"知识青年"一词便失去了针对意义，于是夹在近当代史中，不再被经常用到。它被"学生"这一指谓更明确的词替代了。

即使在"文革"中，所用之词也还是"学生"。无非前边加上"革命的"三字。

"知识青年"一词的重新"启用"、公开"启用"，众所周知，首见于毛主席当年那一条著名的"最高指示"——"知识青年到农村去，接受贫下中农的再教育，很有必要。"

　　于是一夜之间，六十年代末七十年代初的几届城市初中生、高中生，便通通由学生而成为"知识青年"了。

　　这几届学生当初绝对不会想到，从此，"知青"二字将伴随自己一生。而知青话题也将永远成为与自己的经历、自己的命运密切相关的中国话题。

　　细思忖之，毛主席当年用词是非常准确的。在校继读而为"学生"。"老三届"当年既不可能滞留于校继读，也不可能考入大学（因高考制度已废除），还不可能就业转变学生身份，于是便成了浮萍似的游荡于城市中的"三不可能"的"前学生"。除了一味"造反"，无所事事。而一味"造反"，不但自己烦了，毛主席也开始烦他们了。

　　"三不可能"的"前学生"，再自谓"学生"或被指谓"学生"，都不怎么名副其实了。

　　叫"知识青年"则十分恰当。

　　区别是，"五四"前后，青年为要成为"知识青年"而由农村进入城市；"文革"中，学生一旦被划归"知识青年"范畴，便意味着在城市里"三不可能"。于是仅剩一条选择，便是离开城市到农村去。情愿的欢送，不情愿的——也欢送。

　　至今，在一切知青话题中，知青与知识的关系，很少被认真评说过。

　　其实，知青在"前学生"时期所接受的文化知识，乃是非常之有限的。于"老三届"而言是有限，于"新三届"亦即"文革"中由小学升入中学的，则简直可以说少得可怜了。

　　知青中的"老高三"是幸运的。因为在当年，除了大学生，他们是最有知识资本的人。他们实际上与当年最后一批，亦即六六届大学生的知识水平相差不多。因为后者们刚一入大学，"文革"随即开始，所获大学知识也不丰富也不扎实。"老高三"又是不幸的。其知识并不能直接地应用于生产实践，主要内容是考大学的知识铺垫。考大学已成泡影，那么大部分文化知识便成了"磨刀功"。而且，与大学仅一步之遥，近在咫尺，命运便截然不同。即使当年，只要已入了大学门，最终就是按大学毕业生待遇分配去向的。五十余元的工资并未因"文革"而取消。成了知青的"老高三"，与"老初三"以及其后的"新三届"知青，命运的一切方面毫无差异。他们中有人后来成了"工农兵学员"或恢复高考的第一批大学生，但是只是极少数。更多的他们，随着务农岁月的年复一年，知识无可发挥，渐锈渐忘，实难保持"前学生"活跃的智力，返城前差不多已变成了文化农民或文化农工。

他们和她们，当年最好的出路是成为农村干部、农场干部或中小学教师。

我所在的兵团老连队，有十几名"老高三"，两名当排长，两名当了仅隔一河的另一连队的中学教师，一名放了三四年牛。其余几名和众知青一样，皆普通"战士"，有的甚至受初中生之班长管束。

我当了连队的小学教师后，算我共五名知青教师，两男三女。除我是"老初三"，他们皆"老"字号的高一高二知青。

我与"老"字号的高中知青关系普遍良好。他们几乎全都是我的知青朋友。在朝夕相处的岁月里，他们信任过我，爱护过我。我是一名永远也树立不起个人权威的班长，在当小学教师前，一直是连里资格最老的知青班长，而且一直是在特殊情况下可以自行代理排长发号施令的一班长。故我当年经常对他们发号施令。他们有什么心中苦闷，隐私（主要是情爱问题），皆愿向我倾吐。而我也从内心里非常敬重他们。他们待人处世较为公正，在荣誉和利益面前有自谦自让的精神，能够体恤别人，也勇于分担和承担责任。前边提到的那两名当中学教师的"老高三"，一名姓李，一名姓何，都是哈尔滨市的重点中学六中的学生，都有诗才，而且都爱作古诗词。说来好笑，我常与他们互赠互对诗词。有些还抄在连队的黑板报上。讽刺者见了说"臭"，而我们自己却能从中获得别人体会不到的乐趣。他们中，有人曾是数理化尖子学生，考取甚至保送全国一流理工大学原本是毫无疑问之事，也有人在文科方面曾是校中骄子。

如当不了中学老师，数理化在"广阔天地"是无处可用的知识，等于白学。最初的岁月，他们还有心思出道以往的高考题互相考考，以求解闷儿，用用久不进行智力运转的大脑。

而他们中文章写得好的，却不乏英雄用武之地。替连里写各类报告、替"毛著标兵"写讲演稿、替知青先进人物写思想总结材料、为连队代表写各种会议的书面发言……包括写个人检讨、连队检讨和悼词。

写得多了，便成了连队离不开的、连干部们倚重的知青人物。

于是命运转机由此开始，往往很快就会被团里、师里作为人才发现，一纸调函选拔而去，从此手不沾泥肩不挑担，成了"机关知青"。

我也是靠了写，也是这么样，由知青而小学教师而团报导员的，也做了一年半"机关知青"。

而"机关"经历，既决定了他们后来与最广大的知青颇为不同的命运，也决定了他们与那些智商优异、在校时偏重于数理化方面的知青颇为不同的人生走向。

首先，"机关"经历将他们和她们培养成了农村公社一级的团委干部、妇女干部、宣传干部，甚至，主管干部升迁任免的组织部门的干部。倘工作出色，能力充分显示和发挥，大抵是会被抽调到县委、地委去的。在农场或兵团的，自然就成了参谋、干事、首长秘书。

其次，"机关"，教给了他们和她们不少经验。那些经验往往使他们和她们显得踏实稳重，成熟可靠。而任何一个中国人，若有了三至五年的"机关"经历，那么，他或她在如何处理人际关系的学问方面，起码可以说是获得了本科或硕士学位。

以上两点，亦即档案中曾是知青干部的履历，和由"机关"经历所积累的较为丰富的处世经验，又决定了他们和她们返城后被城市的"机关"单位优先接受，何况，"机关"当年还将上大学的幸运的彩球一次次抛向他们和她们。

根本无须统计便可以十分有把握地得出这样的结论——作为当年的知青，如今人生较为顺遂的，十之七八是他们和她们。

我指出这一点，绝不怀有任何如今对他们和她们心怀不良的意图。事实上我一向认为，他们和她们的较为幸运，简直可以说是十年"上山下乡"运动本身体现的有限之德。否则，若将几千万知青的人生一概地全都搞得一败涂地，那么除了一致的诅咒也就无须加以分析了。

那些智商优异在校时偏重于数理化的知青，如果后来没考上大学，没获得深造的机会，其大多数的人生，便都随着时代的激变而渐趋颓势。甚至，今天同样面临"下岗"失业。

　　我常常忆起这样一些"老高三"知青，后来也曾见到过他们中的几人。一想到他们学生时特别聪明特别发达的数理化头脑，被十年知青岁月和返城后疲惫不堪的日子严重蚀损，不禁地，顿时替他们悲从心起。

　　我曾问过他们中的一个："还能不能对上高中的儿子进行数理化辅导？"

　　他说翻翻课本还能。

　　又问："那，你辅导吗？"

　　他摇头说不。

　　问："为什么不？"

　　说怕翻高中课本。一翻开，心情就会变坏，就会无缘无故地发脾气。

　　接着举杯，凄然道："不谈这些，喝酒喝酒。"

　　于是，我也只有陪他一醉方休。

　　以上两类知青命运的区别，不仅体现于"老高三"、"老高二"、"老高一"中，而且分明地也同样体现于"老初三"中。

　　但那区别也仅仅延至"老初三"，并不普遍地影响"老初二"、"老初一"的人生轨迹。初二和初一，纵然是"老"字牌的，文化知识水平其实刚够证明自己优于文盲而已。

　　继"老三届"其后下乡的几批知青，年龄普遍较小，在校所学文化知识普遍更少。年龄最小的才十四五岁，还都是少男少女。我们儿童电影制片厂几年前拍的一部电影片名就是《十四五岁》。电影局规定——主人公年龄在十七岁以下的电影，皆可列为儿童影片。当年的少男少女型知青们，其实在"文革"中刚刚迈入中学校门不久便下乡了。

　　他们和她们，等于是在文化知识的哺乳期就被断奶了。这导致了他们和她们返城后严重的、先天性的"营养不良"，也必然直接影响了他们和她们就业机遇的范围，并且，历史性地阻断了他们和她们人生的多种途径。如今，他们和她们中的相当一部分成了"下岗"者、失业者。返城初期，在他们和她们本该是二三级熟练工的年龄，他们和她们开始学徒。当他们和她们真的成了熟练工，他们和她们赖以为生的单位却消亡了。

　　一部分，在知识哺乳期被强制性地"断奶"了；一部分，当攀升在教育最关键的几级阶梯的时候，那阶梯被轰然一声被拆毁了；只有极少幸运者，或得到过一份后来不被社会正式承认的"工农兵学员"的文凭，或后来成为中国年龄最长的一批大学毕业生。高考恢复后他们和她们考入大学的年龄，和现在的博士生年龄相当。

这便是一代知青和知识的关系。

这便是为什么中国科技人才的年龄链环上中年薄弱现象的根本原因之一。

所幸知青中的极少数知识者，在释放知识能量方面，颇善于以一分"热"，发十分"光"。

所幸中国科技人才队伍，目前呈现出青年精英比肩继踵的可喜局面，较迅速地衔接上了薄弱一环。

曾说知青是"狼孩儿"的，显然说错了。

曾夸知青是"了不起的一代"的，显然过奖了。

断言知青是"垮掉的一代"的，太欠公道。因为几乎全体知青，在长达三十年的时间内所尽的一切个人努力，可用一句话加以概括，那就是——有十条以上的理由垮掉而对垮掉二字集体说不。事实证明他们和她们直到今天依然如此。

也许，只有"被耽误了的一代"，才是最客观的评说。

"知识就是力量"——对于国家如此，对于民族如此，对于个人亦如此。

面对时代的巨大压力，多数知青渐感自己已是弱者。并且早已悟到，自己恰恰是，几乎唯独是——在知识方面缺乏力量。

他们和她们，本能地将自己人生经历中诸种宝贵的经验综合在一起，以图最大限度地填补知识的不足。即便这样，却仍无法替代知识意义的力量。好比某些鸟疲惫之际运用滑翔的技能以图飞得更高更久，但滑翔实际上却是一种借助气流的下降式飞行。最多，只能借助气流保持水平状态的飞行。

如果你周围恰巧有一个这样的人存在着，那么他或她大抵是知青。只有知青才会陷入如此力不从心的困境，也只有知青才能在这种困境中显示出韧性。

那么，请千万不要予以嘲笑。那一种精神起码是可敬的。尤其，大可不必以知识者的面孔进行嘲笑。姑且不论他或她真的是不是知青。

知识所具有的力量，只能由知识本身来积累，并且只能由知识本身来发挥。

知识之不可替代，犹如专一的爱情。

至于我自己，虽属知青中的幸运者，但倘若有人问我现在的第一愿望是什么，那我百分之百诚实的回答是——上学。

我多想系统地学知识！有学识渊博的教授滔滔不绝地讲，我坐在讲台下竖耳聆听，边听边想边记那一种正规学生的学法……

四、知青与知青文学

长期以来——自从那最初几篇知青题材的小说问世后，文学期刊界、出版界、作家们和评论家们及社会学界和新闻界，一致形成着一种主观的、错误的，并不符合实际情况的判断。那便是，认为在许多城市中，尤其许多大城市中，存在着一个人数极其可观也极其热忱的读者群体，而他们都是返城知青。认为他们都像蜂蝶觅花丛一样，一嗅到花粉的芬芳，便会嗡嗡一片地飞去，沉湎于知青题材的小说、诗歌、散文、回忆录中不愿旁顾。

于是"知青文学"的命名诞生。

于是"知青文学"现象经常成为话题。

当然，如果根本否认返城知青爱读知青文学，也不够实事求是。但，这些爱读知青文学的返城知青，数量远比以上各界人士估计的少。不只少一些，而是少许多。

进而言之，如果确有所谓"知青文学"的读者群体，那么其主要成分也非是返城知青，而是另外一些人。

与我关系稔熟的返城知青不算少：有些是在知青岁月中曾与我朝夕相处过的亲密的知青朋友；有些还是我的中学校友和同窗。

不消说，都是男性。

某一日我屈指掐算了一下，他们大约有一排人。如果扩大而论所有我认识的以及泛泛接触过的返城知青，约两个连。

在与我关系亲密者中，亦即那大约一排人中，仅三五人读过我的两篇获奖知青小说——《这是一片神奇的土地》和《今夜有暴风雪》。《雪城》如果不是因为后来拍成了电视剧，他们根本不可能知道我还写过那么一部长篇。而读过我最初几篇知青小说的人，乃因职业与文学发生着或直接或间接的关系，比如是编辑、是记者。还有人是在上"业大"时读的。当年我的两篇知青小说被列入各文科"业大"分析教材，他们读完全是为了完成作业。

这约一排人中，半数有我签了名赠送他们的我自己的知青小说集。

他们从不因此而给我面子翻阅。

我也一向识趣，从不与他们谈文学，更不会傻兮兮地试问他们读后之感。

和他们在一起不谈文学使我轻松，使他们自如。我和他们，一向十分珍惜不谈文学的另一种美好，一向恪守不谈的相互默契的原则。

真的，旧交偶聚，不谈文学，只谈儿女的学业情况，谈父母二老的健康情况，谈身为男人的家庭义务与责任，谈工作压力和生活烦愁，互吐衷肠，彼此宽慰，不亦乐乎？

我和他们在一起，将说这些叫做"聊点儿正题"。

我和他们"聊正题"，他们就觉得我依旧可爱，依旧是当年的好朋友。若我侃侃地谈文学，他们就会用极其陌生的眼光看我。分明地，意识到我是彻底地变了。

幸而我并未变得那么令他们感到陌生，甚至，感到讨嫌。

至于那两个连的当年的男知青，他们中大约有一个班的人主动向我讨要过我的书，当然言明要我的知青小说集。倘没有，别的书也凑合。另外大约有一个班的人，自己买过我的书。来我家时，也要求我签上名。这大约两个班的人，都不是由于喜欢我的知青小说才要才买。而是为他们的儿女、他们的侄儿侄女、甥男甥女，或他们的妻子、他们的同事、他们的朋友乃至他们单位的头头脑脑所要所买。也有的，为了带着我的签了名的书去求人办事儿。倘送礼，轻了，觉得拿不出手；重了，往往违心违愿。而将作家的签名书当礼，送者显得免俗，收者也收得坦然，实在是好方式。而且，我简直认为这是该大力提倡的方式。想到我的书居然还能被当礼送，我差不多总是有求必应，高兴又爽快。倘他们要了我的书买了我的书，还对我说些认真拜读之类的话，那我倒反而觉得不自在了。

某些人一向以为，我这"永久牌"的"知青作家"，肯定经常被些曾是知青又对"知青文学"情有独钟的读者厚爱着。

安有其事！

不错，我的确受到着不少过去的知青朋友的厚爱。但他们给予我的种种厚爱和关怀，其实仅对我这个人本身，仅表现在对我们之间曾有的友情的无比珍惜。至于文学，于他们而言，只不过是我的职业。他们并不爱屋及乌，连我的职业也另眼相看。而我，也从未对他们产生过那种"不道德"的要求。

在他们中，我的职业是特殊的，特殊而又远离他们的兴趣。这特殊，每每也使我在他们中难免的有时备觉孤独。

他们对我的职业的最中肯的话一向是"谨慎点，干你们这行的容易犯政治错误。尤其是你那一套文学主张。别认真、别傻，犯不着"。

于是我常思索，文学的读者群究竟是哪几类人呢？又是怎样形成的呢？

于是便陷入回忆。

凡人，不分男女，幼年时都爱听故事、爱看连环画。而故事和连环画，是人与文学的初级接触，仿佛小男孩儿对小女孩儿强烈又单纯的好感。

我儿子两三岁时，每晚都缠着我或妻翻连环画讲故事给他听。

"再讲一遍嘛，再讲一遍嘛……"

一册《十兄弟》，薄薄二十几页，一晚上他竟磨着他妈给他讲了九遍！

"后来呢？后来呢？……"

他妈打着哈欠说："完啦，没有后来啦，该睡觉啦！"

儿子听了别提多么沮丧了。他希望那故事是永远也讲不完的。

人在幼年时与文学的初级接触真是入迷得动人哪！

儿子上小学四年级后，不再需要我和妻子讲给他听，开始自己看了。于是，我和妻子当年保存下来的一些小人书，成了他的第一批文学读物。我和妻子常感慨于我们各自能从"文革"前将那些小人书保存到"文革"后，而且保存得还那么好。我们当年都未想到应该为我们的下一代保存，只不过是作为一种我们当年认为的珍稀之物加以妥善保存罢了。

儿子上初中后，开始自己买书，开始与同学们相互借阅了。

初三起，儿子不再看一切文学色彩的课外读物。

上高中后，儿子与文学的初级接触彻底结束。不是因为我和妻子强迫他那样，而是根本没有了接触的精力。

有时，我们忍不住将一本值得他读的书推荐给他，他则很烦地问："我有时间看吗？"

我只有哑然……

我举我儿子为例想说明的是——许许多多的人，由于个人、家庭、社会、时代等某一种原因或综合原因，与文学的关系，截然终结在与文学的初级接触的阶段。只有少数人以后又续上了与文学的关系，岁月沧桑而不再中断，成为文学的执着读者和终生读者。文学依赖于他们的众寡而兴衰。大多数人与文学的关系，若青少年时期一旦中断了便一辈子永远地中断了，或者自己没兴趣再续上了，或者仍有兴趣但没条件也没心情续上了。我们知道，一个人成为文学的始终如一的读者，也是需要一些起码的条件起码的心情的。对于他们，与文学的初级接触，成了青少年时期与文学的短暂的"初恋"。

我上小学四五年级时，班里有六七名爱看小人书的同学。当年，一名小学生买一本小人书是很奢侈的事，尽管一本小人书最贵才两角几分。

我上初中时，班里仅有三四名喜欢读小说的同学。同小学相比，与文学发生初级接触的同学不是明显多了，而是少了。这是因为小人书已经不能给予初中生更大的阅读满足，而买一本三十二开的"大书"，自然是一本小人书定价的数倍，也自然是更奢侈之事。你无我无，大家全无。估计全校读文学作品的学生，充其量不过二三十人。我对这个数字是比较有把握的。因为当年我像一条专善于嗅"书香味儿"的猎狗，哪个年级哪个班级的学生可能有书与我交换了看，是会被我凭着敏锐的嗅觉发现的。

"文革"一开始，全中国一切古今中外的非"马恩列斯毛"类的书，几乎全都付之一炬了。每座城市的重要图书馆，也都保护性地封门上锁了。一封一锁，便是十年。于是全中国人的读书习惯，都被硬性地改造掉了。

我不晓得我初中母校当年那二三十名喜欢阅读文学书籍的同学，如今是否仍是文学书籍的读者。须知我的初中母校当年在哈市非是一所喜欢阅读文学书籍的学生少得可怜的学校。比起有高中的中学会少些，比起无高中的中学只多不少。因为我的初中当年成立过"故事员同学会"，曾向全市推广过如何引导学生阅读文学书籍的经验。

姑且以千分之二三十推而广之地概算，在当年三千余万知青中，也不过就有二三十万人与文学发生过初级接触，十年的知青岁月，是除了"毛选"无书可读的岁月。那二三十万知青中，后来十之七八也渐渐丧失掉了读书习惯。就好比迁往南方生活的北方人，渐渐改变了冬天戴棉帽子的习惯。

二三十万的十之七八是多少，不言自明。

正是她们，后来成了全国知青文学的第一批知青读者。之所以用"她们"而非"他们"，乃因这些返城知青中女性居多。她们再后来又分为两类女性：有的因对知青文学的敏感关注而成为广义的文学书籍的读者。她们从知青文学中获得的，不仅是知青经历的寻寻觅觅而已，也同时是少女时期与文学恋情的重续。这又是由她们与文学的初级接触而奠定的。有的则并没与文学发生过初级接触。她们捧读知青文学主要是因为，甚至仅仅因为她们曾是知青。"知青文学"四字对于她们而言，重在知青，不在文学。她们将知青文学当成与自己发生密切关系的文字式"老照片"。并且，往往想象作品中的女主人公的命运便是自己或接近于自己在知青岁月中的命运。甚至，往往认为自己在知青岁月中的命运比知青文学中的女主人公的命运更值得同情，更忧伤凄婉，更动人感人。确实，她们中大多数人在知青岁月中有相当坎坷甚至极为坎坷的遭遇。她们往往视某些知青文学为自己间接的命运自白书。她们几乎只关注知青文学，对别种文学书籍缺乏兴趣。与自己的命运发生间接自白效果的知青文学，她们认为好，否则觉得不好。她们至今差不多仍这样。知青文学中的某类，是连接她们与文学的一条极细极细的红丝线。但她们觉得不细，而是一条汩汩通过血液的血管、一条动脉。

她们在不再是少女的年龄，与文学发生着初级接触。而且，主要是由于"知青"二字。而且，几乎甘愿地滞停于初级阶段。

这种关系当然也是十分令人感动的，既令人感动又令人揪心。

但她们为数有限，毕竟构不成一个各界人士想象中的庞大的知青文学读者群。若知青文学读者群主要是由她们构成的，则显然是她们和知青文学的双向的憾事。

知青中的"老"高中们，当年是很有人读过一些古今中外的世界文学名著的。返城后他们与文学的关系分为三类——第一类受家庭和生活所累，虽并无什么孜孜以求的事业主宰着人生精力，却也不再接触文学了（包括知青文学）；第二类考上了大学，毕业后活跃于仕途，或埋头于理工科专业，也惜时如金，不读"闲书"；第三类或者也考上了大学，又恰恰属文科专业，便仍与文学发生瓜葛。但他们实际上并不因曾是知青而偏爱"知青文学"。相反，他们往往比较轻慢知青文学，往往显出很不屑的样子。他们越评论家起来，学者化起来，资深记者起来，对"知青文学"似乎越瞧不上眼，所评所析所议，往往比不是知青的同行更尖酸刻薄。他们认为自己是权威发言人，权威批评者，认为自己怎么说都有理。别人也不免地这么认为。他们通过对知青文学的终审垫高自己的地位。

当然，还有第五类人，他们可能并没进入大学，一直在寻常的单位里从事着寻常的工作。但这并不妨碍他们与文学发生第二次接触。这是较高阶段的接触，视野远比他们青少年时期与文学的接触宽阔，评判水平也不能同日而语。他们既不拒绝知青文学，也不只读知青文学。

如果有谁统计一下便会确信，在"老高中"们中，又与文学发生第二次接触的人其实是不多的。发生了的，大抵在第三类人和第四类人中。然而，并不能据此认为他们是知青文学读者群中的主要成分，而应该确切地说他们是中国文学的较高层次的读者群中的主要成分。

那么，构成知青文学读者群主要成分的，其实非是返城知青，又究竟是哪些人呢？

说来或许有人不相信——其实，主要是七十年代末至八十年代中期初高中生、大学低年级生、各行各业中的青年，以及比以上三者加起来的数量少得多的一小部分知青。而且，仍以女性为主。

据我看来，在全世界，爱读文学类书籍的女性，肯定比男性多几倍。这其中的原因，前边涉及了一些，更深层的分析，应属另一话题，此不赘述。知青文学的冷热，其实是随着他们和她们的阅读兴趣的转移而变化的。

我的几部知青小说有幸被拍成了电视剧。十个对我说他们和她们看过我的"作品"的人中，大约有九个指的是那些电视剧。

但他们和她们肯定并不知道，那几部电影电视剧能被他们和她们看到，是很经过几番抗争的。

电影《这是一片神奇的土地》和《今夜有暴风雪》当年曾被勒令下马停拍……

《雪城》几乎不许播出……

《年轮》曾明令不许参加评奖……

原因都差不多是——调子太灰暗，未表现理想，咀嚼苦难等。

而另有不少评论者，嘲讽我在作品中张扬虚假理想，掩饰苦难，玩味失落的崇高……

我的知青作品确曾给过我一些浮名，但也常使我陷入左枪右戟不得不横着站的两难之境。来自官方的否定和指责，我还较能承担，起码还有申辩的权利。来自评论的，我则常常不知该怎样对待。一味沉默，似乎打算以沉默为盾应对批评的虚心反应。若申辩苦衷，则简直就等于是拒绝批评了。

故我差不多总是要在这些作品发表后，写上那么一两篇小文章，以近于检讨的性质，自言创作能力的十分有限。这当然是回报评论的反应。而又有人就将我的这类文章剪贴了复印了，寄往有关部门，归纳道："看，他并不惭愧于自己张扬理想和崇高的缺乏冲动，而是在那里公开叹息自己再现苦难的力不从心！……"

只有普通读者和普通观众显得厚道非常。因为他们既不操审查之权，也不以评论为业。心血来潮，几页信纸一个信封一张邮票，便将充满善意的褒贬直截了当明明白白地寄给了我。多少年来，我对此总心怀感激。

事实上，我的知青小说，到目前为止，仅占我创作总量的十分之一左右。

《雪城》后我便不再笔涉知青题材，某种程度上，也是为从那一种横着站的两难之境脱身。

《年轮》于我，初衷非是重操什么知青题材的"旧业"，而是写一些曾当过知青的城市中年人今天的生活形态。

我回头看自己的全部知青小说，没有自己满意的。有些当时较满意，时隔数年，越来越不满意了。恨不得重写。重写是不可能了。改写都没法儿改写了。唯一自我安慰的，乃当时写得真诚写得有激情。即使浅薄，即使幼稚，那一份儿创作的真诚和激情也是值得自己永远保持的啊！

而此种自我评估，也是我对目前为止的，中国一切知青文学的总体评估。

知青生活形态差异太大，有兵团知青，有农场知青，有插队知青；有南北地域造成的差别，也有南北人情世故造成的差别；有年龄造成的差别，也有政治出身造成的差别；有人数多寡造成的差别，也有工资和工分造成的差别……

任何一位作家，不管他有没有过知青经历，主观性强些还是客观性强些，企图通过自己的几篇作品或几部作品反映几千万知青当年的命运全貌，都是不太可能的。

一切知青文学组合在一起，就好比多棱镜，它所折射出的是七色光。最主要最优秀的知青作品，也只不过是多棱镜的一个侧面罢了。

知青经历应该产生史诗性的作品。但是目前还没有产生，也看不出将要产生的任何迹象。

然而我坚信，数十万城市青少年当年轰轰烈烈卷裹其中的"上山下乡"运动，是文学蕴藏内容极其丰富的矿脉。前期对它的创作采掘，有点儿像"开发热"。我是太追求眼前效益的急功近利的采掘者之一。但这并不意味着破坏了它的"资源"。对于文学，不应有什么"资源"保护法和保护区。只不过我们孜孜以求，却都并没有采掘出它最有价值的那一部分。它后来的沉寂是好事。埋藏久些，形成的矿质更高些。也许十年以后，也许二十年以后，或会有知青题材的上乘之作问世。也许出自于当年的知青笔下，也许作者根本非是知青。但肯定不会是我。甚至，我认为，也不会是和我一样，从知青小说而开始文学道路的一批知青作家们……

时值"上山下乡"运动三十周年的今年，一定会出版不少知青题材的书籍。每一种都会有较好的销路，但哪一种也不会独领风骚。反馈到我这里的信息是：内容类似的编选较多，角度新颖独特的极少……

买这类书的照例是以下人：

初中、高中、大学低年级女生……

很少一部分大学低年级男生……

近年涌现的书籍收藏者……

很少一部分当年的女知青……

以及生活较为稳定的当年的男知青，他们是为儿女而买。

他们大抵会对儿女们这么说："给，认真读读！读了，你就会了解爸爸混到今天是多么不容易。你就知足吧你！"

自己，却很可能并不看……

五、知青与改革开放

就整代而言，返城知青是中国改革开放之相当重要也相当主要的促进力。甚至，是推动力。起码，可以这样说——他们中返城后获得了公开发表言论的条件和机会的人，在改革开放的最初几年，几乎无不主动地、积极地、热忱地、不顾个人得失地为改革开放鸣锣开道大声疾呼过。

这乃是因为，"文革"使他们对中国的"昨天"有所反思。那反思由于自己当年不幸成为后来备受谴责的角色而比普遍的中国人痛切。也由于"上山下乡"的经历而对中国贫穷落后的真况极为了解。在从城市到他们落户的农村、边疆这一巨大半径上，他们曾多次往返。所见疾苦种种，所闻民怨多多，非一般中国人能相比。何况，他们还曾亲身与当地人民在那深重的贫穷落后中长期生存过。中国要变，中国不能不变这一强烈的思想，早就形成于他们头脑中了。

如果说粉碎"四人帮"是中国救亡求兴的第一件大事，那么知青返城当然是紧随其后的第二件大事。没有第一件大事的发生便没有第二件大事的发生。而第二件大事的发生直接改变了知青们本身的集体命运。所以，除了极少数当年成为"四人帮"政治基础的知青，大多数知青不可能站在"改革"的对立面。区别仅仅是，有人在较高的思想层面支持和拥护"改革"，有人在切身感受到的利益本能层面支持和拥护"改革"。

倒溯起来，不少知青是"四人帮"政治专治时代的早期思想反叛者。"林彪事件"后，对中国前途的大怀疑在知青中广为弥漫。我参加过的一次"兵团创作学习班"，当年便因传播"反动政治谣言"而遭遣散。我自己当年由团宣传股被"下放"到木材加工厂抬大木，直接的内控不宣的罪名，乃是因为在一次学习会上，公然提出质疑——"毛主席既然早在三十年前就深知林彪其人，为什么还树他为副统帅和接班人？不是拿中国的前途和命运当儿戏吗？"

后来震撼全国的天安门"四五"运动中的许多"反诗"，作者大都是知青。

值得一提的是，这些知青，多数并非所谓"走资派"儿女，亦非因父母受迫害而参与，更不是因自己成了知青而泄私愤。恰恰相反，前两类知青当年几乎没胆量"乱说乱动"。比较敢于"舍得一身剐"的反而是某些普通劳动者家庭的知青子弟。他们当年如果投靠"四人帮"，卖身求荣改变命运绝非难事。"四人帮"当年也大量需要和招募那样的青年。但他们拒绝与"四人帮"共舞。他们身上所体现的，是与自己，与自己的父母，与自己的家庭诸利益完全无关的"政治道义冲动"。

他们是为国家命运而参与政治的，也是为别人的命运、别人父母的功过、别人家庭的不幸而参与政治的。与那些别人相比，他们原本对政治并不感兴趣也无热情。所谓"路见不平一声吼"而已。这些平民阶层的知青子弟们身上，当年相当突出地弘扬着一种朴素的、平民的政治道义感。

返城后，他们中不少人，为彻底否定"文革"、"真理标准"的讨论，为邓小平的复出自觉自愿地充当民间政治义士的角色。他们当年人微言轻，但他们的呼声响亮而激烈。

他们中有人如今成了"家"，成了官员，但他们的各种声音，总体还是纳入了支持和拥护进一步改革开放的语言体系中的。

大多数返城后成了各行各业普通劳动者的知青，"改革"初年也在各行各业中唯"改革"之大政方针是从，任劳任怨，相当富有自我牺牲之精神。他们似有足够分量的砝码，在时代天平上起着不容忽略的稳定作用。

近年，他们中许多人的利益一部分一部分地失去着；许多人"下岗"待业乃至彻底没了工作。

他们心中有苦，嘴上有怨，但大多数默默接受时代牺牲者的命运，几乎无人鼓吹骚乱。

报载——某企业将裁员，一日厂里贴出了一份"号召书"，上写："曾当过知青的工友们，让我们像当年'上山下乡'一样，集体'下岗'吧！既然必得有人'下岗'，我们不'下岗'还能企盼着谁们'下岗'？"

于是几十名曾当过知青的工人，纷纷噙泪在"号召书"上签了名。

使人不禁想到那句话："我不下地狱，谁下地狱？"

也使人不禁为之肃然、怆然、心愀愀然。

前一类成了当代思想"精英"或准"精英"的知青，面对自己同类们的如此命运，以思想观点分为以下两类：

一类每每说："改革残酷，时代无情，牺牲一批人的切身利益在所难免。优胜劣汰，置之死地，而后能生者则生，生不了的谁也顾不了谁了，只有认命。"

这是某些最早"相忘于江湖"的知青。我曾听他们当着我的面那么说过。表情和口吻都极其冷漠。

他们绝不因自己同类命运的悲惨而稍变坚定不移的改革开放之思想"精英"的角色。

他们说的是实话。而且几乎是百分之百的实话。

但那样的实话我永远说不出口。

因我很难彻底地"相忘于江湖"。同时毫无"相濡以沫"的能力。

故我公开承认，我已由当年一个激进的、热烈的、极其乐观的改革开放的拥护者，渐变为一个非常保守的、忧心忡忡的，有时甚至极其迷惘、茫然、困惑的低调拥护者了。

另一类很难彻底地"相忘于江湖"的思想"精英"，话题一接触到同类的命运，便每每长叹连声道："不改革不行啊，却没想到改革出这么个始料不及的局面……但那也得继续呀，苦了我们的兄弟姐妹们了"

似乎，"兄弟姐妹"们的命运，是由于他们自己的过错造成的，听来有几分内疚的意味。

他们可能依然是高调"改革"派，思想也和第一类人一样。只不过写文章发表时，笔下措辞谨慎了，调子尽量低就了些。怕自己"四面楚歌"的当年的知青同类们看了反感。其实呢，自从他们渐成"精英"，同类也就渐与他们疏远了。"相忘于江湖"，倒是先从同类们开始的。他们的文章都发表在同类们不会看到的报刊上。而且，除了与自己当年同连同村的知青，更广大的知青并不晓得他们是同类。所以，顾虑多余，倒也可爱。

至于已经"下岗"的、待业的，多数是自行斩断了与一切知青旧友的往来，在城市的各个角落隐姓埋名地四处奔波地寻找着养家糊口的再就业机会，前面提到的诸如《北大荒人名录》之类的书，对他们的再就业毫无用处。

即使他们，你若问对改革开放的看法，他们也并不发出什么恶毒的诅咒。通常的说法是："唉，谁让咱们摊上了呢！与新中国成立前相比，可能还是强多了！新中国成立前哪儿会有再就业工程呢！"

人们完全可以相信，他们就是走投无路像古代小说中写的那样领后插根草标自卖自身，也是不会采取什么对抗"改革"的行为的。

这真是中国的福气，也真是中国改革开放的福气……

六、知青与老一辈无产阶级革命家

总体而言，知青一代，对老一辈无产阶级革命家将永远是心怀崇敬的，将会心怀着这种不同程度的崇敬老去，死去。

当知青一代也在中国消亡了，中国现当代革命史，便会显得离中国人十分遥远了。

知青一代，是现实与那革命史之间的自然过渡段。他们最虔诚地公认那革命史的非凡性。它自身从未间断地反复地宣讲，刻在他们思想中的痕迹也最深。它是刻在他们头脑中的第一行思想。它本身厚重的非凡性、史诗性，非他们在新中国成立后所经历的任何大事件可相提并论。虽然，他们的头脑中后来也刻下了另外许多行思想，但都不及第一行那么深。史诗性的历史，必定造就出独具风采的民族精英。后继者不可能再经历类似的史诗性历史，因而不可能具有同样的魅力与风采，也就不可能获得他们同样的崇敬。

每一个国家每一个民族，都具有某一段或某几段史诗性的历史。世界也是这样。而这一点，使一个国家一个民族乃至全世界后来的历史似乎都显得平庸，使后来的领袖们注定了皆成缺乏史诗性的历史中的匆匆过客。无论他们自己多么想要伟大起来都不可能。他们的名字几乎只能在他们是领袖之时，而在同时代人的头脑中揳进位置。一旦不是，不久便会被淡忘。他们的名字只能在同时代人的头脑中揳入位置，不可能刻下深痕，更不可能被下几代人铭记。

但曾叱咤风云于史诗性的历史中的杰出人物则不同。他们的名字本身太有分量。那不同寻常的分量使他们指点江山过的那一页历史沉甸甸的。即使翻过去了，后几页他们已不存在的空白史页上，仍深深地凹陷着他们的名字的压痕。写在后几页史页上的文字，不管密度多么大，记载多么炫耀，都无法覆住掩住那深深的压痕。

全世界的情形都是如此。

也许，有人会指出——"文革"中，除了毛泽东，红卫兵亦即后来的知青们，分明是参与迫害老一辈无产阶级革命家的罪人，怎么今天反而大言不惭地标榜起崇敬来了呢？他们当年连周总理都一反再反，何谈崇敬？

不错，"文革"中北京街头出现过"百丑图"——除了毛泽东、周恩来、林彪，以及"中央文革领导小组"的几位，老一辈无产阶级革命家几乎尽数囊括，而且皆被肆意丑化。当然也包括德高望重的朱老总、为民请命的彭老总、深受爱戴的陈毅和贺龙等大元帅。

"百丑图"是北京红卫兵当年的"杰作"。

具体来说，是北京红卫兵中一小撮军队高干子女的"杰作"。

他们背后显然有人指使。

他们的恶意，也不能说便是全体北京红卫兵的态度。

当年，我随一批东北红卫兵"大串联"到北京，在北京街头见过一张"百丑图"。回忆起来，似乎是贴在西单十字路口的巨大广告招牌上。

那一批东北红卫兵大多数住在地质部礼堂。他们到北京的第二天晚上，便与负责接待的北京红卫兵展开了激烈的辩论。他们白天到市里去皆看到了"百丑图"，于是"百丑图"便成为辩论内容。东北红卫兵强烈谴责北京红卫兵打倒一大片，从而等于否定了中国革命史。北京红卫兵以"两个司令部"为据，嘲笑东北红卫兵对"中央路线斗争"一无所知，只配老老实实向北京红卫兵学习和取经。唇枪舌剑一番之后，北京红卫兵见镇压不住东北红卫兵，搬来了援兵，记得是什么附中的红卫兵，男男女女近百人，其中不少手握军皮带。东北红卫兵也在百人左右，感到受了威胁，于是皆怒。于是酿成一次武斗……

我离开北京到成都，在成都街头也见到过同样的"百丑图"。不过我见到的当天就被许多成都的百姓和红卫兵自发地撕掉了，还逮住几名张贴的北京红卫兵围斥了许久。第二天便发生了成都人民与到成都"煽风点火"的北京红卫兵之间的暴力冲突。后来谓之曰"成都人民广场事件"。我是那事件从始至终的目击者。据我想来，"百丑图"也是那事件的起因之一。

我从成都回到哈尔滨，家乡人说，北京红卫兵也在哈尔滨张贴过"百丑图"，但如在成都一样，不但被撕掉了，几名张贴者且被狠揍了一顿……

可以这样讲，丑化老一辈无产阶级革命家的"百丑图"，产生于北京，但实际上并没能如一小撮北京红卫兵所愿在全国张贴得到处都是。相反，在许多城市受到了当地人民的抵制。

不但"百丑图"是一小撮北京红卫兵的"杰作"——挂牌子、戴高帽、剃鬼头、涂黑脸、游街、喷气式，也无不首先"发源"于北京，由北京红卫兵将此类"革命"方式传播于外省市。中国不是一夜之间同时乱起的，而是先由北京乱起的。当年，哪一省哪一市乱得晚了，乱得还不够，便有一批批北京红卫兵赶往"指导"，如同顾问或特派员。连我那一所普普通通的中学母校，当年也有两批北京红卫兵去颐指气使地进行过"紧急革命总动员"。当年的社论中，通栏大标题是"首都小将为革命煽风点火"。

我这里当然不是要仅仅将北京红卫兵"极左"化，而将别省市的红卫兵正确化。事实上，"极左"之于当年的青少年，犹如流感，任由发展，传染不但是大面积的，而且是迅速的。我仅仅想指出它的传染是有阶段性的。并且想指出，即使当年，即使同是红卫兵，对老一辈无产阶级革命家的崇敬，也仍是暗怀在大多数人心中的。

我下乡后，连队里发生过这么一件事——某北京青年，闲来无事，画漫画解闷儿，于是在小笔记本上先后画了朱德、彭德怀、陈毅、贺龙等老帅的丑化头像，被哈尔滨知青发现，当即予以严厉呵斥。连许多上海知青、天津知青也表示了极大的愤慨。而哈尔滨知青与上海知青，在我的记忆中，很少有在某件事上统一过态度的时候……

再以后，知青中常流传一些政治"段子"。内容差不多总是"四人帮"如何向老一辈革命家发难，老一辈革命家如何使"四人帮"们陷入狼狈不堪无地自容之境地……

也流传着关于刘少奇、彭德怀、贺龙的下落，以及关于周总理、邓小平、叶剑英、陈毅的身体健康情况。

　　而这些政治信息，又大抵是北京知青返京探家带回连队的。说明经过短短几年的反思，对老一辈无产阶级革命家的崇敬，又是那么自然地在大多数北京知青的心目中复归了。哪怕他们当年是亲笔临摹过亲手张贴过"百丑图"的红卫兵……

　　三十年后的今天，绝大多数知青，能以较历史的、较客观的、较"一分为二"的态度看待毛泽东在中国历史上的功过。普遍的知青，仍不否认毛泽东的伟人历史地位，仍对毛泽东某几方面的伟人魅力表示赏服。即使谈到毛的"过"，一般也都是从给国家和人民造成的大损失方面议论，而并不多么耿耿于怀地抱怨给自己这一代人的命运带来的苦难。并且，一般不会以特别刻薄特别不敬的口吻妄贬之。

　　"毕竟做过全中国人民的伟大领袖啊，即使不伟大了，也总不至于渺小吧？后人们怎么评价，咱们也决定不了。可咱们这一代，不应该由于领袖有了严重的缺点，就在他死后将他贬得一无是处啊！"

　　我的一位知青朋友说过的这一番话，我觉得，似可代表绝大多数知青对毛泽东的当前态度。

　　知青一代，随着年龄的增加，中年将逝，老年将至，总体而言，看待自己曾经历过的中国诸多历史问题的目光，是变得越来越带有谅解性了，也可以说是变得越来越厚道了。

　　但，这并不等于说他们已集体地丧失了对现实的敏感反应。

　　他们最不忍看到的，是曾造成过中国巨大损失的某些弊端，比如假大空话，比如浮夸业绩，比如官僚主义、文牍主义、形式主义，比如大表演大包装的大过场，比如新条件下新方式下进行的个人崇拜意味的宣传……

　　谈到这些，知青们往往也是皆摇其头不以为然的。

　　因为他们经历过。

　　他们会嘲曰："何其相似乃尔！"

　　会引用毛泽东的话概评："历史的经验值得注意！"

　　看到比自己年轻的人为了名利，虔诚地热切地说些不三不四的话应景表态，他们会私下里相互议论："多像当年我们中的某些人啊！当年我们中的某些人太傻，目的性不明确。他们现在多懂事多精明多现实啊！他们也许比当年我们中的某些人还可怕吧？因为他们现在内心里想要的，与我们当年想要的大不一样，而且多多了！……"

对于周总理，绝大多数返城知青的崇敬程度是高于对毛泽东的崇敬的。对两位伟人的这一种崇敬程度的差异，不是在他们返城以后才开始的。甚至，也不是他们下乡以后由于自身命运的失落造成的，更不是近年一系列关于周恩来生平事迹的专题片所影响的。所有那些专题片只不过又从返城知青们内心深处重新唤起了不泯的崇敬。

对两位伟人的崇敬程度的差异主要是由对"文革"意义和动机的怀疑形成的。而这一种怀疑，在他们"上山下乡"以前，在打倒刘少奇以后，在"文革"的第二、三年，就暗暗形成在他们中某些有思想的人们的头脑中了。

归根结底，在当年是对个人崇拜的悄悄的反动，再后来是对个人集权的反思。

周恩来在为中国人民任劳任怨、全心全意服务方面，确实做到了鞠躬尽瘁，死而后已。恰如那一句诗所形容的："春蚕至死丝方尽"。

知青一代谈起周恩来，犹如印度人谈起他们的"圣雄"甘地。

在当年，亦即一九七六年天安门广场，"四五"运动前，某些忧患国家前途的知青，对周恩来也曾有过一个时期的"不满"——希望他以非常方式力挽狂澜，最果断地解决"四人帮"。

这乃是一代人当年思想中的一个历史秘密。

所以周恩来逝世以后，当年在许多中国人包括许多知青的头脑中，造成了一片前所未有的寄托空白。

他们曾有这样一种暗自的心理准备——只要周总理在北京一拍案一挥手，将群起响应粉身碎骨肝脑涂地万死不辞，不是为了改变自身的知青命运，而是为了拯救国家于危亡边缘。

这体现于知青亦即前红卫兵们的头脑中，是一种非常矛盾的思想。他们真的想造反了，但不是冲着伟大领袖去的，是冲着"四人帮"去的。为了和"四人帮"决一胜负，他们需要周恩来这样的统帅者。在胜利了以后，他们愿意重新膜拜毛泽东为伟大领袖。甚至，愿意在全中国的每一座大小城市，为毛泽东塑起高大的金身塑像，以取代那些铜的、玻璃钢的或大理石的……

这一历史秘密，这一种非常矛盾的思想，当年在不少中国人，主要是中青年人头脑中产生过。

所以，周恩来的逝世，不可避免地引发了"四五"运动。那是一场自发式的、爆发式的反对专治、呼喊民主的政治运动。在那一场运动中亲自到过天安门广场的知青是有的，但为数极少。大抵是探家的北京知青，或途经北京因故滞留的南方知青，比如上海和杭州知青。但南方知青一般对政治心悸胆怯，只不过作为旁观者，不敢有什么具体行动。而探家的北京知青，有人不止一次在那一场运动中去过天安门。

那一年我在复旦大学读书。

后来我的北大荒知青战友在信中告诉我，黑龙江生产建设兵团也对探家的北京知青进行过政治审查。有从北京带回"四五"诗抄者，遭到了严厉的制裁。

尽管在"四五"运动中亲自到过天安门广场的知青极少，但"广阔天地"里的许多知青头脑深处的思想，是与"四五"精神遥相呼应的。

返城后，知青间坦诚交代当年头脑中的一级政治"隐私"时，无不感慨自己当年政治思想的幼稚。认识到，如果当年中国真发生了自己头脑中所祈之事，那么中国必定四分五裂，后果不堪设想。今天中国什么局面，也就完全说不定了。以毕生之心血和精力维护中国完整统一的周总理，又怎么能以中国的最大前途冒险呢？他认为自己没有这样的权力，又是多么符合像他那么伟大的成熟的政治家的至高原则！当年他也只能更多地争取为国家为人民全心全意服务的权力。如果当年连他也最终丧失了这种权力，那么中国肯定会陷入另一种不堪设想之境。两种不堪设想，对中国的后果都将是可怕的。所以，一举粉碎"四人帮"，只能是在毛主席逝世以后才能发生的英明果断的大事件……

想明白了这样一些道理之后，对于周总理就依然崇敬了。

除了周总理，知青一代非常崇敬的，还有朱德、彭德怀、陈毅、贺龙、聂荣臻、徐向前等老一辈无产阶级革命家。

如果进行一次知青一代中的民意调查，我几乎可以肯定地说——除了周总理，彭德怀必是第二个备受崇敬的人物。

一代知青崇敬他，是由于他在延安保卫战与"抗美援朝"战争中的赫赫战功，更是由于他刚直不阿，为民请命，不怕丢官，敢讲真话的品质。具有这种高贵品质的共产党人，无论过去还是现在，毕竟太少，而不是很多。

对于知青一代，中国的革命史，的的确确是一部充满英雄色彩的史诗性历史。无论后人如何评价这一段历史，总之，它都是史诗性的历史。总之它是充满英雄色彩英雄主义的历史。总之，谱写那一页历史的杰出人物们，起码像希腊神话中的俄底修斯们一般，若完全抽掉政治因果，也依然具有美学意义上的不可重复性，不可比拟性，以及可歌可泣的传奇性……

然而，也正因为如此，知青一代看后继政治家们的目光、标准是很不容易降低的。

所幸知青一代就要老了，下一代会有下一代客观公正的标准，会以下一代愿意的目光看……

七、知青与时尚

总体而言，知青一代，与时尚基本无关。

时尚无非两类——文化的，或物质的。文化时尚意广容杂。从听西洋交响乐到逛庙会，从因足球生气的男人到文眉涂眼影涂指甲趾甲的女人，都算是。千般百种，雅俗并存，举不胜举。物质时尚却相对单纯得多，再怎么花样翻新，似乎也永远摆脱不了衣、食、住、行四大方面。而且，受着各自经济基础的制约，分野也是很巨大的。某些时尚注定了从来都只不过是富人们的时尚，平民和穷人们可望而不可即。以他们的眼看，不是时尚，而是富的标准。比如名车、别墅和出国旅游。某些平民和穷人的时尚，常被富人们嘲之曰"心理需要的冰淇淋"，比如假首饰和仿名牌。仿名牌其实也就是伪名牌的另一种说法。

时尚的追随者们往往又以年龄划类，比如青年的时尚、中年的时尚、老年的时尚。

就当前而言，同居和未婚而孕是青年"时尚"之一种；婚外恋和离婚是中年人的"时尚"之一种；为下一代、下下一代全心全意服务，鞠躬尽瘁死而后已是老年人的"时尚"。

"小蜜"是老板的时尚;"傍款"是靓妹倩女的时尚;考"托福"是大学生的时尚;"炒"新闻是记者的时尚;签名售书是作家的时尚;"跑官"是"公仆"们的时尚……

许多种社会现象,最初可能会受到针砭,最终却会变为时尚,形形色色的人们仿之效之唯恐不及,唯恐落伍。中国如此,世界也差不多如此。

知青一代的青年时期,当然也就是我的青年时期,中国是世界上最不允许时尚滋生的国家。一切或可称得上时尚的事物,刚露端倪,还未形成现象,便被"革命"的剪刀毫不留情地齐根剪除。往往接着刨出根来,踏之唾之,以儆效尤。

我使劲儿想,归纳了以下几种,不知算不算知青一代的青春时尚。

(一)"思想汇报"。

当年曰人除了血肉之躯,另有三大政治生命,且宝贵过血肉之躯——入队、入团、入党。入不了队则入不了团;入不了团则入不了党。而入不了党,则意味着有一件比生命本身要紧得多的事一辈子也没完成。所以入队也是相当要紧的。若小学六年级了居然还没戴上红领巾,不仅家长觉得脸上无光,自己也觉得仿佛是"异类"。

所以,当年从小学生到中学生到大人,写"思想汇报"是常事,是普遍现象,是"政治时尚"。

学"毛著"同样是,"斗私批修"、"灵魂深处爆发革命"也是。

当年文化便是政治,政治全面文化化,充满在中小学课本的字里行间。故这一种"政治时尚",也可以认为便是当年的"文化时尚"。

(二)由于塑料工业的产生,塑料头绳代替了女孩儿们传统的毛线头绳;塑料凉鞋将女孩儿们一向穿的布底扣襻鞋从商店柜台挤下去;"涤卡"、"的确良"被视为比"平纹布"、"斜纹布"更高级的衣料……大概,这些便是知青一代当年的物质时尚了……

(三)"文革"中,少女穿男装,学生穿无章军装,"消灭"长辫子,全国"一刀齐",更是风靡不衰。实在难分究竟是文化的、政治的,还是物质的时尚。或可认为是集三者之大成的"综合时尚"。

（四）"上山下乡"运动初期，许多学生争着到离城市最远、交通最不便、自然生存环境最恶劣、人烟最稀少的地域去，曾是一种由衷追求的时尚。而且，一旦去了，接着就比赛谁坚持不探家的日子最长久……

如果这可以说是一种不失可爱的"革命时尚"的话，除了孔繁森式的榜样，现在的许多"革命干部"都是比之惭愧的……

返城后，喇叭裤、披肩发、蛤蟆镜曾在中国各大城市"引导新潮流"，而知青一代正疲惫不堪地四处找工作，几乎无人被"导"入过那潮流……

转眼，知青一代四十多岁了，五十来岁了，中国的文化时尚和物质时尚日新月异，丰富多彩起来。而除了少数人，广大知青一代是更加疲惫了，没心情也没经济实力"时尚"一把。

我们不难发现这样一点——在今天，在城市，追随文化时尚，往往是比追随物质时尚还高的消费。

比如看球赛，听音乐会是时尚，"肯德基"、"汉堡包"也是时尚——但一场球赛的门票也许要几百元，能买成箱的"肯德基"和"汉堡包"了。

广大知青一代，不为自己，也得为儿女算这一笔账。文化的时尚虽"雅"，但他们宁肯在时尚方面趋物质的"俗"。

物质的东西并不都"俗"。甚至可以反过来说都不"俗"。武器当然除外。武器也有双重属性。自卫时体现为好东西，侵略时体现为恶东西。而恶乃极"俗"。除了武器和毒品，我们简直举不出另几种东西，是人类迄今为止所创造的"俗"的东西。故以引号括之。相比于物质，文化的俗现象却是很多的。因为是真俗，所以就不用引号了。比如卖淫和嫖娼，东方西方都有其专题之史。已经被著史了，还能否认是文化吗？这个世界上，有着不少种文字的《妓女史》、《婢女史》、《嫖妓秘录》之类的书，而中国五千余年的文化中为最多最详。妓而闻名，娼而立传的文化现象，在中国以及全世界也是举不胜举的。"笑贫不笑娼"一句话，既不但是"妓女文化"的经典总结，而且也是由文化概括的意识形态。又比如专授人以奸诈狡猾之术的经验，不是被"雅"称为《厚黑学》吗？已经"学问"化了，还不是文化吗？

故文化并不皆"雅"，甚至可以说垃圾很多。文化的色情现象不比物质的"白色污染"令人类的生活干净。但古今中外，色情文化一直到现在几乎依然是一大批一大批的人明恋或暗恋的文化。只见有人为色情文化雄辩滔滔，却没人反对治理"白色污染"。对"白色污染"以及一切工业污染的治理也是比较容易取得一致态度的。全世界都十分重视这方面的立法。但对色情文化的立法不但遭到一次次强烈对抗，而且即使立了法，往往也形同虚设，只能采取睁一只眼闭一只眼的态度。所以，对文化的"雅"是很需要加以区分，又不得不以引号括之的。

酒文化的实践者们清醒着的时候，气氛往往是雅的；只要醉了一个，场面立刻俗不可耐。

"三陪"在某些男人那儿，也是当文化当时尚沉湎着的。灯光暗下来，包房的门关上以后，他们便开始猥亵行为了，情形不但俗不可耐，简直可以说是丑态百出。

女侍的裸胸服务，在某些男人们看来也是美妙得不得了的时尚，巴不得及早正名为正宗的"雅"文化，醉翁之意，自然不在文化而在酥胸白乳。就算有一天列入"雅"文化了，其前提却是将女性的性尊严商业化了的现象……

知青一代从前所逢之时代的文化匮乏，以及由此造成的自身文化享受的缺憾，与当代的文化品质雅俗参半，芜杂泛滥，以及当代青年由此造成的自身文化享受的抉择难境，和手捧熊掌而目视鱼的两全心理，相映成趣，各有其"代"面对物质之时尚和文化之时尚的窘状。

于知青一代是人被时尚抛弃的窘。

于当代青年是被时尚玩于股掌的窘。

总体而言，知青一代的多数现在孜孜以求的是物质以及物质的时尚，心中殷殷向往的却大抵是文化的时尚。

因为如果左邻右舍家里都有了VCD，唯自己家里没有，为着不羡慕别人家，自己家也得及早攒够钱买一台。买了，也就为家庭尽到了时尚的义务。至于看时装表演那一类文化时尚，自己没去，完全可以想象别人也没去。别人家里明明摆着VCD，别人的儿女明明拥有电脑，想象别人家没有是不能解决问题的。自欺欺人可也，欺儿女不可。而儿女对于当了父母的知青一代，自认为最不可欺，自认为欺之有罪。

知青一代对物质时尚的关注重于对文化时尚的关注，差不多都是为了儿女，只能将对文化时尚的向往之心留作自己难以成真的美梦。

他们所向往的文化时尚，一般而言偏好于雅。这是由青少年时期受的正统教育决定的。它当年以负的方式灌输于他们的头脑，如今却得出正的追加值。文化满足方面什么都见识过的孩子长大了想满足从没见识过的。孩子从没见识过的当然是少儿不宜的。于是长大了迫切地急着补上这一缺课。文化满足方面几乎什么都没见识过的孩子，长大了想满足最基本的，或是从最基本的满足开始追求。而最基本的文化，传统意义的也罢，时尚意义的也罢，一般都是最大程度保持文明内核的文化。

与知青一代相比，当代青年之大多数，表面孜孜以求的是文化，内心里殷殷向往的却是物质。

因为文化时尚提供五花八门的快乐。许多种文化快乐过时不候。今天还是最佳风景，明天就可能成过眼烟云。所以必须像赶场一样去追，才不至于错过。

又因为文化时尚的快乐受岁数限制。比如"蹦迪"，非年轻不可，老了跳不动，也经不起那一种强烈的音乐对耳膜的摧残。比如结伴郊游至夜野宿，未婚男女青年一夜风流不足为怪，也不足论道，是年龄的特权，哪怕回来的路上就吵翻了。或并不吵，却好像彼此之间什么特别的事都没发生过，又恢复到单位或公司里的一般同事关系。而有了家室的中老年人，就基本上没这特权了。想向青年学习，那也得偷偷地，没了青年们的潇洒和坦荡自然。

还因为当代青年从自己父母身上，包括从知青一代身上，悟到了青春的宝贵，总结了什么都可以辜负，但是千万别辜负自己青春的人生原则。那原则基本上可以叫做"及时行乐"。这其实也不见得是一种多么有害的人生观。只不过保守。只不过不全面。由于不全面而保守，由于太现代而累。从积极的角度理解，工作之余，事业之外，倘其乐不邪不恶不危害他人，及时"行"之，倒也可取。

当代世界，几乎每天都在以商业的名义挖空心思地制造着如此这般的花样百出的文化时尚，中国也不例外，以满足当代青年在文化标榜之下对时尚快乐的蚕食。并且，此类快乐越来越趋于平价。

至于物质，它所满足的不仅仅是人的快乐，而是享受的级别。高级别的物质享受皆是高消费。当代青年既还为青年，一般没有经济实力达到。所以权作向往，储存于意愿中。通过对文化时尚快乐的追求，渐渐地迂回地接近那物质享受时尚的高级别的目标。

比如通过"傍款"的时尚，接近美女香车的目标；通过与洋人"友谊"交往的时尚，接近做洋太太洋夫人的目标。

当然并不都如此，典型仅只相对于普遍。

知青一代中，也有命境富贵了之后而忘乎年龄的前提，汲汲于在两类时尚方面都"猛药恶补"的例子。

某次我参加一部影片的首映式。放映结束后举行影迷座谈。

青年群体中，不期然地站起一位中年女士，肥胖的身躯紧裹着束瘦的旗袍，椅背上搭着貂皮大衣。染成紫色的发，文过的眉，涂得猩红的唇。一只大而软的白手比来画去，红指甲晃人眼目。她侃侃而谈，从制作水平到剧本水平到表演水平，一一道来，足足说了二十几分钟。

她一身的物质时尚，而参加影迷协会，充当影迷，又是何等文化的时尚啊！两类时尚集于一身。

只不过以她的年龄，充当影迷未免迟了十几年；将自己的头发和脸搞到那么现代的程度，也未免缺少明智。

后来别人向我介绍，她竟是我的北大荒知青战友。

我内心里倒一点儿也没有取笑她，但在她面前一时觉得大不自然，甚至有点儿不知如何是好。同时，内心里涌上一种酸楚。

知青一代与时尚的关系，在她身上最为典型地体现出喜剧性的悲剧意味……

八、知青与消费

整代而言，知青们属于当今城市里的低消费群体。

因为，他们绝大多数都是工人阶层。而工人阶层，无论"国有"的还是"集体"的，正承受着中国"改革"负面的巨大压力。不直接承受这压力，就不能完全体会究竟什么叫时代"阵痛"。

世人看到知青中出了些名人，出了些干部，就错误地认为，知青一代很"出息"。有不少人据此得出更错误的结论，仿佛知青整代地垄断着中国的优越行业了。

其实，所谓知青中的名人，无非指几个作家，"一小撮"文艺从业者，以及两三个新时代的较成功的商人，加上一切成了科长、处长乃至局长的人；加上一切受过高等教育，出国留学过，并学有所成归国谋求个人事业发展的人，总数肯定在百分之十五以内。

这些人常常被社会赋予知青代表性或自言"我们知青一代"如何如何。比如我以前也曾爱自我标榜这一种可笑的不切实际的感觉。

而百分之十五比之于百分之八十五，就"代"的运况来说，是没有资格的。

百分之八十五的返城知青如今的运况，决定了他们只能是城市里的低消费群体。

目前的"下岗"失业者中，相当一部分是他们。即将"下岗"、失业的人中，注定了有更多的他们。所幸尚未"下岗"、尚未失业的他们中，十之七八是中国城市中的最低工资收入者。

比上一代，旧体制曾许诺的微小福利，正渐渐地从他们身上化为乌有，使他们瞻前顾后两茫茫。

比下一代，由于自身知识资本和技能资本的先天弱势，在"改革"带来的竞争机会中力不从心，往往迅遭淘汰。

由于已做了父母，钱对于他们比以往任何时期，甚至比是知青的时期更重要了。面对刺激消费的种种广告，他们不能不窘数钱钞。

即使他们目前的运况好上几倍，也不太会成为一味向高消费"看齐"的群体，而仍将是非常理性的消费群体。

这乃因为，他们中大多数是当年拉扯着父母的破衣襟长大的，后来自己又经历过几乎同样的艰苦生活。他们对于物质的要求太容易达到心理满足了。他们早已变成了从意识本能上拒绝高消费的人，变成了意识本能上的"朴素人"。

一个当代青年，如果中了一百万彩票，他会怎样呢？

想必，首先会买辆车。接着，对家宅进行豪华装修。然后，用几身名牌衣着彻底改观自己的社会形象……

而返城知青中的某人，则也许会低头瞧着百万彩票陷入寻思：

我有了一百万就真的应该买辆小汽车吗？

我真的需要把家装修得像三星级宾馆客房吗？

一身名牌的我一定就比现在衣着普通的我更让不认识我的人另眼相看更让熟悉我的人觉得亲近吗？……

这种消费意识的差别，是"代沟"的一种。知青一代与次一代之间的"代沟"，在许多方面，比他们与上一代人之间的"代沟"更显明。在消费意识方面，尤其显明地体现出上一代人陋物自珍、能将就、善凑合的"基因"特征。

无论广告怎样怂恿和诱惑，普遍的他们，都是不太敢超前消费赊贷消费的，仿佛视此等消费方式是诓人自杀的陷阱。

他们是城市中令商家大摇其头无可奈何的消费群体。商家有千条妙计，他们自有一定之规。

当然，那百分之十五中，也不乏消费意识非常贵族的人。但我们循他们的消费意识觅他们从前的自我，定会顿悟：原来他们小时候的生活水平就比较贵族，或接近准贵族。他们如今的贵族式的消费，其实也体现着另一种"基因"的特征。他们或她们当年的下乡，仅仅意味着落难。与大多数知青之间过去的共性本就极少，今天的反差自然更大。

九、知青与儿女

整体而言，知青一代中，少有娇宠儿女的父母。因为自己是小儿女时，一般都不曾被娇宠过。但这并不意味着他们对儿女缺乏责任感和爱心。如果与父母辈当年对自己们的抚养之恩相比，他们对儿女们的抚养责任感和爱心也简直可以说是无微不至。父母辈当年因儿女多而难以尽到之义务，他们今天因是独生子女的父母可以尽得格外周到，却毕竟不同于娇宠。

区别是，当他们以爱心关怀儿女时，潜意识里总难免地涌动着这样一种愿望：想使儿女明白，儿女多要求是不可取的，父母多给予则是正常的。

而儿女们又总是不太能明白要求给予和父母主动给予到底有什么两样？比照别家的父母与儿女的关系，或许可以得出相反的结论，认为自己实际感受到的一点儿也不多。

于是，往往成为知青一代父母与儿女心理上两相讳言的隔膜，不厚，但是隐约存在着。

知青一代父母常企图这样教诲儿女："你们多么幸福！你们还可以更幸福一些！我们高兴使你们更幸福一些。但你们必须承认，你们幸福着。"

而儿女们比照自己的同代们，也打算虚心体会一番幸福着的感觉，却总也不大能真切地体会到。因为幸福的感觉是越向优越比越少的东西，而他们正处在一个人人从小就被诱导着向优越比的时代。

这是知青父母心口的微疼，它每每转变为暗恼。

所以，知青一代的儿女们，普遍不会向父母们要求什么，渐渐养成了默默地被动接受的习惯。给予多时并不认为多，给予少时也并不抱怨少。给予多少，颇为知足地接受多少，随着年龄的增长，终于体恤到父母的不容易。

知青父母对儿女的最大寄托是：考上大学，成为受过高等教育的人。

这又不意味着便是望子成龙。

因为他们中大多数实际上并不幻想儿女将来出人头地，一辈子名利双收荣华富贵。

他们的寄托专执一念地强烈地体现为这么一种思想：知识虽然不能使人富有，但足可使人不自卑。

这与自己虽然具备许多长处甚至是宝贵的长处，却终因知识的缺憾常觉卑于人前有直接的心理关系。

知青父母一般不鼓励儿女的各类明星梦。在那些休息日带着儿女上演艺班的父母中，一般见不着知青父母的身影。他们对由明星而名人而贵族的现象，颇能漠然视之。

他们的儿子如果英俊女儿如果漂亮，他们也还是要督促儿女发奋读书立志求学，往往会坚决反对儿女们靠了英俊和漂亮而产生的巧走人生捷径的念头。作为父母，自己头脑中更不会产生此念，甚至会认为此念鄙俗。

倘儿女们也对自己的知青经历冷嘲热讽，那么必是对知青父母的最严重的伤害。

昨天是"三八"妇女节，中央电视台的一台专题节目中，有位三十来岁的姑娘接受采访时说："我自己的事情是第一位的，是最重要的。永远是第一位是最重要的，这是我的人生观。"

之后还插播了一位女青年怀抱吉他自弹自唱的片段。

歌曰：

管他别人怎么样

只要自己很快乐

……

想来，她们成为母亲后，定会如此这般地教育儿女。

但知青父母中，肯定较少有人向儿女灌输类似的人生观。

时代激变，形形色色的人有形形色色的活法。只要不恶，每一种活法都有正面的道理。或许，连知青父母们，也早就开始承认以上两种生活态度最合时代潮流。尽管如此，他们似乎还是不太会那么样教育自己的儿女。即使心里想要那么样教育，但往往话到唇边，却难以启齿。总归觉得，似乎不该是父母教育儿女的话。如果自己那么样进行教育了，仿佛很可耻。

但此种教育，自己不进行，社会和时代也在以各种方式进行着。并且，轻而易举地，就将自己儿女们的思想认同争夺了过去。

知青父母们从前试图反争夺，但近年终于意识到了自己注定的失败，也就只有放弃争夺，由之任之。反正，能明白自己的事情是第一位的，是最重要的，而且永远，也不失为一种明智的活法。凡明智的，不是必有积极的一面吗？

他们意识到，传统的人生观之教育内容，在今天已显得极不合时宜了。所以，想要对儿女进行教育前，每每三省再三省，为的是在自己头脑中首先判断出对错。而一遇反驳，则每每三缄其口，更加感到自己们思想的不合时宜，甚至悲哀地感到自己们思想的不可救药。

这一种现象，乃以往时代通过知青们的父母的教育思想折射在他们儿女身上的影子。此影子越来越被当代思想的耀眼光芒所逼淡。

知青父母，瞧着在许多方面与自己差别越来越大的儿女，有时简直不知究竟是该高兴还是该忧虑。

而儿女往往暗示——当然该高兴！

将来，谁要发现五六十年代中国人的特征，那么只能从知青一代的儿女的身上去发现了。据我想来，只有他们和她们身上，还有一两片鳞，模糊不清地具有那一种特征。其余一概之中国人，除了性别姓名符号和外貌，头脑里和内心里的状况都会变得雷同化、类同化，就像某种基因的克隆人一样，都将是同一时代的克隆的产物……

十、知青与中国离婚率

众所周知，中国离婚率正逐年上升。离婚和结婚已变得同样寻常了。甚至，离婚比结婚还寻常。结婚总还需要房子，需要经济储备，需要一番热闹作为广告形式。而离婚则不需要这些。离婚只需要一方想离就实际上开始离了。若另一方并不情愿，无非是夫妻双方"冷战"一个时期，而最终获胜的必是想离的一方。因为最终的结果必是无难临头也各奔东西。或在"持久战"后离，或在"速决战"后离。

前两三年，有一种社会玩笑，两个中国男人见面，常半真半假地问："离了没有？"

就像老辈人见面习惯于互问："吃了没有？"

足见某些男人内心里是多么巴望离婚，欲念强烈的程度不亚于对性冒险的向往。

每每有这种情况，两个男人久别偶见，一方问："离了吗？"

一方满面自喜地答曰："离了。"

于是另一方目瞪口呆。他不过是在开玩笑，没料到对方真的实践成功了。

这时若留心观察问的一方那表情，愣怔中说不定会有几分妒意，几分失落。

好比有心无肠地随口问别人："中奖了吗？"

而得到的回答不容置疑："中了，头奖，一百万。"

但是返城知青中的男人们之间基本上不开这一类玩笑。离婚对于他们，仍是人生一件极其严肃的事，有时严肃得无比严峻。

大约从前年起，非是返城知青的男人们之间，也不怎么开那类玩笑了。因为有关方面的统计表明，在上升着的离婚率中，女性首先"发难"甚至"突然袭击"的现象显增。时代宣告离婚不再是男人的传统特权，它似乎更喜欢将这一特权交予女人们了。当然，那几乎皆是在社会地位、才貌或经济方面拥有优势的女人。有时代撑腰，她们能代表同性向男人们进行报复，何乐而不为呢？

所以，一个男人如果还没深没浅地对另一个男人开那一类玩笑，也许会惹恼对方。因为对方可能正是一名女性报复者的"牺牲者"。

总体而论，以目前流行的种种离婚理由作为理由的话，至少知青一代中三分之一的夫妻的某一方不无离婚的理由。

因为知青一代的结婚，几乎或多或少地带有"包办"的色彩。"包办"者当然非是父母，而是时代。当年的时代，像一只巨大的手，以不可抗力将许许多多男女青年的婚恋故事彻底改写了。好比一部旧戏的戏名：《乔太守乱点鸳鸯谱》。有的虽遭"包办"，但幸而般配；有的极不般配，但也只得顺从时代之命。仅只出身一条，当年就曾使不少有情人难成眷属。

知青一代中大多数人的不赶离婚之时髦，使人联想到谌容的一篇小说——《懒得离婚》。

"懒得"二字，于知青一代而言，不完全意味着无奈，似乎更意味着一种明白。

那么，对于离婚，知青一代究竟明白些什么呢？

其一，明白《真爱又如何》——这也是一篇上海女小说家的小说。

在今天，真爱和假爱实难分得很清。假作真时真亦假。真爱转变为不爱，往往由真爱之开始就发生着了。离婚自然都是起于向往真爱的念头。眼见真爱并不可靠，自然就"懒得"离婚了。

其二，知青一代由于自身在激烈的社会竞争中每每处境艰难，收入低微，常备觉委屈了儿女。为儿女保全一个完整的家，差不多是重大责任，都不忍在这一点上再伤及儿女。

其三，离婚是家的分裂。但象征家之实体的房子却无法分裂。他们不像富起来了的人，一旦离婚反而图个独居宽敞。他们若离婚，一方便无处可居，必流落街头。这关乎基本人道，也关乎基本人权，他们和她们，都更不忍。

其四，小说家余华说过这么一句话："相依为命比海誓山盟还重要"。真爱不那么靠得住，海誓山盟才显得重要。连海誓山盟也靠不住了，相依为命的意义就突出了。既能相依为命，必有某种情愫为基础。于知青夫妇们而言，那情愫乃是在共同的命运、共同的知青岁月中缔结的。它的成分其实比爱在当代的状态更单纯。当年它几乎完全以彼此的好感为前提，几乎不掺杂任何地位和经济因素的相互吸引。某些情况之下政治对某些相爱的知青男女起着离间作用。但越到后来，政治的离间作用越被相爱的知青男女共同轻蔑。

前边提到知青们的婚爱被时代那只无形的大手所扰乱，主要是指他们和她们的初恋而言。如果没有"上山下乡"运动，初恋也许比较顺理成章地发展为终成眷属的夫妻关系。但"上山下乡"运动使他们和她们像被大风吹散的蒲公英种子，天南地北各落一方，聚首之期渺不可求，缘分也就终于被时代硬性地钳断了。又，知青们到了渴望相爱的年龄以后，男女之间选择的范围是极有限的。普遍只能在各自所属的知青群体内进行。群体大些，范围则大些；群体极小，范围则小。跨群体相爱的可能性非常例外。选择的范围既极有限，爱的理想程度也就无法强求。所以相当一部分知青男女，结为夫妻乃是因为再也承受不了身心孤独的压迫。诚如俗话说的："有个伴儿总比没伴儿强。"不求琴瑟般配，但图彼此呵护。

正是这一点，决定了不少知青夫妻之间的关系先天不良。但也正是这一点，决定了那一种相依为命的情愫旷日持久，渐渐弥补了先天不良。它含爱的成分也许不那么浓，但它有些另外的成分，却是当今的爱中开始稀少的。又诚如他们自己所说的——"良心加感情，奉陪到白头。"

良心便是当今的爱中开始稀少的。

当今时代，流行着以金钱抵良心的方式。

普遍的知青除了工资，没多余的金钱，故恪守良心，如同保护唯一的财产。

而良心是这样一种事物，恪守也升值。以升值的良心为黏合剂，当今大多数知青夫妻之间的关系，虽然旧陋但却很耐磨损。好比"解放牌"胶鞋，即使不时兴了，但毕竟曾是名牌。

知青一代如果不是这样，中国城市离婚率，定会再翻几倍……

最后要说明的是：我在此文中，频用"他们"和"她们"，仿佛我自己非是返城知青似的。不用"他们"和"她们"，那么便得写成"我们"了。而我又明摆着比大多数活得顺遂，并不面对"下岗"和失业的烦愁，起码，目前还未面对，故我是特例。在许多方面，不能代表普遍。自谓"我们"，虽显着亲，却有冒认之嫌。

故用"他们"和"她们"，近距离内做扫描状，带着感情做客观状，以局外人似的口吻说道同类之事—— 这总比明明不能代表普遍而又偏要自作多情地强调共同的"血缘"背景好。

我这么认为……

文明的尺度

某些词汇似乎具有无限丰富的内涵，因而人若想领会它的全部意思并非一件简单的事情。

比如宇宙。

比如时间。

不是专家，是不太能说清楚的。

即使听专家讲解，没有一定常识的人，也是不太容易真的能听明白的。

但在现实生活之中，却仿佛谁都知道宇宙是怎么回事，时间是怎么回事。

为什么呢？

因为宇宙和时间作为一种现象，或曰作为一种概念，已经被人们极其寻常化地纳入一般认识范畴了。

大气层以外便是宇宙空间。

一年十二个月，一天二十四小时，每小时六十分钟，每分钟六十秒。

这些基本的认识，使我们确信我们生存于怎样的一种空间，以及怎样的一种时间流程中。

这些基本的认识对于我们很重要，使我们明白作为单位的一个人其实很渺小，"飘乎若微尘"。也使我们明白，"人生易老天难老"，时间即上帝，人类应敬畏时间对人类所做种种之事的考验。

三十年前在巴黎街头留影

由是，我们的人生观价值观大受影响。

对于我们普通的人，我们具有如上的基本认识，足矣。

"文明"也是一个类似的词。

东西方都有关于"文明"的简史，每一本都比霍金的《时间简史》厚得多。世界各国，也都有一批研究文明的专家。

一种人类的认识现象是有趣也发人深省的——人类对宇宙的认识首先是从对它的误解开始的；人类对时间的概念首先是从应用的方面来界定的。

而人类对于文明的认识，首先源于情绪上，心理上，进而是思想上、精神上对于不文明现象的嫌恶和强烈反对。

当普遍的人类宣布某现象为第一种"不文明"现象时，真正的文明即从那时开始。

正如霍金诠释时间的概念是从宇宙大爆炸开始的。

文明之意识究竟从多大程度上改变了并且还将继续改变着我们人类的思想方法和行为方式，这是我根本说不清的。但是我知道它确实使别人变得比我们自己可爱得多。

二十世纪八十年代我曾和林斤澜、柳溪两位老作家访法。有一个风雨天，我们所乘的汽车驶在乡间道路上。在我们前边有一辆汽车，从车后窗可以看清，车中显然是一家人。丈夫开车，旁边是妻子，后座是两个小女儿。他们的车轮扬起的尘土，一阵阵落在我们的车前窗上。而且，那条曲折的乡间道路没法超车。终于到了一个足以超车的拐弯处，前边的车停住了。开车的丈夫下了车，向我们的车走来。为我们开车的是法国外交部的一名翻译，法国青年。于是他摇下车窗，用法语跟对方说了半天。后来，我们的车开到前边去了。

我问翻译："你们说了些什么？"

他说，对方坚持让他将车开到前边去。

我挺奇怪，问为什么。

他说，对方认为，自己的车始终开在前边，对我们太不公平。对方说，自己的车始终开在前边，自己根本没法儿开得心安理得。

而我，默默地，想到了那法国父亲的两个小女儿。她们必从父亲身上受到了一种教育，那就是—— 某些明显有利于自己的事，并不一定真的是天经地义之事。

隔日我们的车在路上撞着了一只农家犬。是的，只不过是"碰"了那犬一下。只不过它叫着跑开时，一条后腿稍微有那么一点儿瘸，稍微而已。法国青年却将车停下了，去找养那只犬的人家。十几分钟后回来，说没找到。半小时后，我们决定在一个小镇的快餐店吃午饭，那法国青年说他还是得开车回去找一下，说要不然的话，他心里很别扭。是的，他当时就是用汉语说了"心里很别扭"五个字。而我，出于一种了解的念头，也决定陪他去找。终于找到了养那条犬的一户农家，而那条犬已经若无其事了。于是郑重道歉，于是主动留下名片、车号、驾照号码……

回来时，他心里不"别扭"了。接下来的一路，又有说有笑了。

我想，文明一定不是要刻意做给别人看的一件事情。它应该首先成为使自己愉快并且自然而然的一件事情。正如那位带着全家人旅行的父亲，他不那么做，就没法儿"心安理得"。正如我们的翻译，不那么做就"心里很别扭"。

中国也大，人口也多，百分之八九十的人口，其实还没达到物质方面的小康生活水平。腐败、官僚主义、失业率、日益严重的贫富不均，所有负面的社会现象，决定了我们中国人的文明，只能从底线上培养起来。二十世纪初，全世界才十六亿多人口。而现在，中国人口仅略少于一百年前的世界人口总和而已。

所以，我们不能对于我们的同胞在文明方面有太脱离实际的要求。无论我们的动机多么良好，我们的期待都应搁置在文明底线上。而即使在文明的底线上，我们中国人一定要改变一下自己的方面也是很多的。比如袖手围观溺水者的挣扎，其乐无穷，这是让我们的某些同胞一向并不"心里别扭"的事，我们要想法子使他们以后觉得仅仅围观而毫无营救之念是"心里很别扭"的事。比如随地吐痰，当街对骂，从前并不想到旁边有孩子，以后人人都应该想到一下的。比如中国之社会财富的分配不公，难道是天经地义的吗？我们听到了太多太多堂而皇之天经地义的理论。当并不真的是天经地义的事被说成仿佛真的是天经地义的事时，上公共汽车时也就少有谦让现象，随地吐痰也就往往是一件大痛其快的事了。

中国不能回避一个关于所谓文明的深层问题，那就是——文明概念在高准则的方面的林林总总的"心安理得"，怎样抵消了人们寄托于文明底线方面的良好愿望。

我们几乎天天离不开肥皂，但肥皂反而是我们说得最少的一个词；"文明"这个词我们已说得太多，乃因为它还没成为我们生活内容里自然而然的事情。

这需要中国有许多父亲，像那位法国父亲一样自然而然地体现某些言行……

当交管撞上人文

近闻中央颁布了新"八项注意"，其中竟有限制因"首长"们出行而一向成规的"交管"一条，感想颇多。于是想起成于今年八月的一篇旧文……

——题记

此文所言"交管"，自然指"交通管制"。

全中国许多城市都实行过"交管"。北京是首都，也自然便成为全国"交管"次数最多的城市。

"交管"现象古今中外皆有。此是交通管理特殊措施，亦是必要措施。发生严重交通事故、公路恐怖袭击事件、自然灾害破坏公路的情况，交管部门必定会启动"交管"措施。"首长"们出行视察，迎送要客、贵宾，肯定也必启动"交管"措施。一是为了保障他们的车辆行驶顺畅；二是为了保障他们的安全。我们都知道的，他们不无可能会成为形形色色的恐怖分子袭击的对象。

然而在中国，在北京，蓄意针对"首长"们或来华要客、贵宾们实行的恐怖袭击阴谋，似乎还从没听说过。偶所发生的，只不过是拦车跪呈冤状的事件罢了。即使这种并不多么恐怖的事件，居京三十五六年之久的我，也仅听说过一两次，并且拦的主要是京官们的车，还从没被新闻报道证实过。由此似可证明，中国之"首长"们，其实人身一向是挺安全的。也似可证明，其实中国公民，是世界上最不具有对公仆们进行暴力攻击性的公民。个别例子是有的，但都发生在外省市，且攻击对象每每是小官吏。细分析之，那些小官吏之所以受到暴力攻击，通常与他们自身的劣迹不无关系。"文革"十年是要另当别论的。那十年中，暴力行为披上了"革命"的外衣，人性原则受批判，法理"靠边站"，不要说"首长"们了，也不要说"黑五类"们了，就是"红五类"们，稍有不慎言行，往往也会成为同类们的攻击对象。

从前的事就不说它了，单说近十几年，不知怎的一来，为保障"首长"们之出行顺畅和安全而采取的"交管"，不但次数多了，而且时间分明更长了。

次数多是好事，意味着"首长"们经常在为国务奔忙。但每次"交管"的时间长了可不是什么好事，无疑会使北京本就严重的交通堵塞情况更加严重，结果给人民群众的出行造成诸多难以预料的阻碍。

我曾遭遇过三次"交管"。

一次是要乘晚上六点多的飞机到外地去开会。六点多起飞的飞机，究竟该几点出家门才不至于误机呢？我家住牡丹园，心想三点出家门时间肯定较充裕啊。那天"打的"倒很顺利，三点十五分便已经坐在出租车里了，却不料半小时后，就被堵在机场高速路

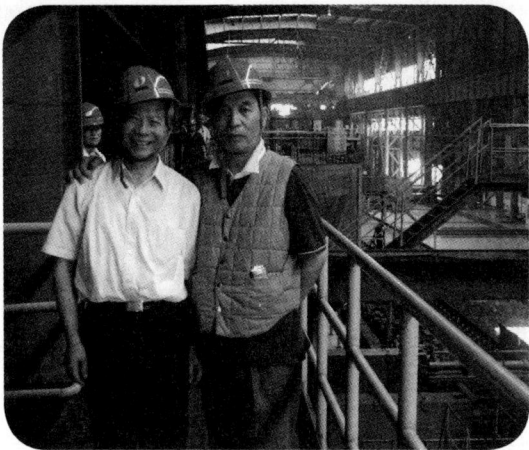

政协调研活动留影

上了——遭遇了"交管"。这一堵不得了，一下子堵了四十分钟左右。"交管"刚一结束，前方被堵住的车辆极多，有两辆车都企图尽快驶上机场高速路，却偏偏在路口那儿发生了碰撞……

我自然误了点，所幸我乘的那次航班本身也晚点了，两小时后我还是坐到了飞机里。但不少人就没我那么幸运了。他们中有人要求改签时，与航空公司方面的服务人员发生了激烈口角。

一方责备误机的人应自己掌握好时间；误机的人却强调，"交管"又不像天气预报，怎么能料到半路遭遇？——"交管"属于"不可抗力"。

偏偏航空公司方面的人还认真起来了，以教导的口吻说"交管"根本不属于"不可抗力"。

旁边就有些同样因那次"交管"误机了的人嚷嚷：那你们的飞机停在了跑道上迟迟不起飞，不是每每对已经坐在飞机里了的乘客广播是遇上了"管制"吗？如果"空中管制"是"不可抗力"，那么公路交通管制怎么就不属于"不可抗力"了呢？如果"交管"并不属于"不可抗力"，那么"空中管制"也同样不属于"不可抗力"。如果"航空管制"同样不属于"不可抗力"，那么航空公司就应对乘客进行误事赔偿。

道理涉及赔偿不赔偿的，航空公司方面的更不相让了，说"空中管制"与"交通管制"是不能相提并论的……

一句话激怒了另几位因那次"交管"误机的人，都嚷嚷道先不改签了，非先将是非辩论清楚不可！

大家都知道的，我们今日之同胞，是多么的喜欢辩论啊！

幸而航空公司的一位领班人士出面了，批评了自己人几句，安抚了误机者们一番，唇枪舌剑才算平息。

我第二次遭遇"交管"，是在从机场回家的路上，也是在出租车里，时间也是四十多分钟。那天是星期六傍晚，从郊区返回市里的车辆极多，公路几乎成了停车场。最大车距一米左右，最小的车距也就一尺。一辆挨一辆，堵塞了近两站地。有人内急，公路上又没厕所，干脆一转身，就在公路边尿起来。特殊情况下，那么解小手，尽管不文明，但也可以理解。问题是还有人竭力憋着急需解大手，那可就真是个痛苦的问题了。即使人人理解，不以为耻，"当事人"自己还觉臊得慌呢！人高马大的一个大老爷们儿，憋得脸色紫红，五官一忽儿正常，一忽儿扭曲，一忽儿捂着肚子蹲下去，一忽儿又出着长气直起腰。直起腰五官恢复了常位时，则就开始高声大嗓地骂娘。而车里车外，男的女的，开车的坐车的，无不望着他同病相怜地一起笑骂。笑骂的倒也不是"交管"这种事本身，而是时间太长……

我第三次遭遇"交管"，不是在车里了，而是在一座跨街天桥的上桥台阶口。那天一早，我跨过那一座桥，去往一处银行取款。银行九点开门，我八点半就排在门外边了。在我前边，是一对七十岁的老夫妇。他俩一早散步后，捎带存款。

等我办理完毕，走到跨街桥那儿，正赶上了实行"交管"。原本以为，所谓"交管"，实行的只不过是对某一段公路的戒严。那日始知，还包括对于沿路所有跨街天桥的戒严。细想一想，谁都不能不为执行安保任务的同志们考虑得周到而心生敬意——许多跨街天桥上从早到晚总有摆摊卖各种东西的小贩，自然会吸引不少过桥人驻足。若有危险分子混迹于买卖者之中，待"首长"们的车辆从桥下经过，居高临下发起什么方式的攻击，后果不堪设想。即使没实现攻击目的，制造成了一次耸动的新闻也太影响社会祥和了呀！

所以，对某些跨街天桥也实行清除人员的戒严措施，不能不说是对"首长"们的人身安全高度负责的体现。也不能不说，是人民群众理应予以理解和配合的。

当时的我正是这么想的。

我周围的许多等着过桥的人也显然是这么想的，所以皆无怨言地默默地等。

不怕一万，就怕万一嘛！

但有一对老夫妇却等不及了，强烈要求允许登桥、过桥。他们是在银行门外排于我前边那一对老夫妇。

要求再强烈，起码得有理由。

他们的理由听来倒也充分——那位大娘急着回家上厕所。大爷替她请求说，她老人家排在银行门外那会儿就想上厕所了，自以为憋半小时没问题，可太自信了，那会儿就有点儿憋不住了……

每一次的"交管"时段，最有怨言的便是急着上厕所的人了。

在跨街桥两端的台阶口，各站一名年轻的武警战士。在我这样年纪的人看来，他们是孩子。对于那一对老夫妇，他们当然更是孩子。

大娘对守在桥头的小武警战士说："孩子，你看大娘像坏人吗？"

小武警战士看去是那么的心性善良，他默默摇头。

　　大娘又问："你看我老伴儿像坏人吗？"

　　小武警战士又摇头。

　　大娘便说："孩子，那就让我俩过去吧，啊？大娘真的急着回家上厕所，不是装的。"

　　小武警战士终于开口说："大娘，我知道你们不是坏人，也信您不是装的。可我在执行命令，如果我允许您过桥，那就等于违反命令，我会受警纪处分的。"

　　周围的人就都帮大娘劝小武警战士，说你既然相信这老两口肯定不是坏人，明明看出大娘不是装的，那就行个方便，别拦着了，放他们老两口过桥嘛！

　　周围的人那么一说，小武警有点儿生气了，沉下脸道："不管你们多少人帮腔，反正我坚决不放一个人过桥！"

　　他这么一说，顿时可就犯了众怒。周围的人开始七言八语地数落他，夹枪带棍的，训得他一次次脸红。

　　他朝街对面也就是跨街天桥的另一端望一眼——那边厢虽然也有十几个人等待过桥，却显然没人急着回家上厕所，情况相当平静，看上去那些人也耐心可嘉。

　　他突然光火了，抗议地说："如果我犯了错误，我受处分了，你们谁又同情我？同情对我又有什么用？你们以为我穿上这身武警服容易吗？"

　　他委屈得眼泪汪汪的了。

　　又顿时的，人们肃静了。

　　那会儿，我对急着回家上厕所的大娘同情极了，也对那眼泪汪汪的小武警战士同情极了。

　　我明白他朝桥那端的另一名小武警战士望一眼意味着什么。正因为明白，对他的同情反而超过于对大娘的同情了。

　　我看出，我明白了什么，别人们也都明白了——他是怕他这一端放行了那大娘和大爷，桥那一端的小武警向上级汇报，而那后果对他将是严重的，起码这是他自己的认为。

　　人们的那一种沉默，既体现着无奈，也体现着不满。而不满，当然已经不是因小武警战士引起的了。

双方面都备觉尴尬和郁闷之际，多亏一名外来妹化解了僵局——她先说大家那么气愤地数落小武警战士，对人家是欠公平的。后说她知道什么地方有一处公厕，愿引领大娘前往。

众人望着那外来妹和那大娘的背影，纷纷地又请求小武警战士的包涵了。小武警战士说没什么，只要大家也能理解一下他的难处就行了。他说罢便转过身去，我见那时的他脸上已有眼泪淌下来……

我回到家里，不由自主地陷入了沉思。

联想到《列宁在十月》这一部电影里的一句台词："从骨头里觉得……"

是的，当时的每一个人，包括小武警战士本人，分明都看得出来两点：其一，那大娘和大爷肯定是大大的良民无疑；其二，那大娘确实是要回家上厕所，也确实有点儿快憋不住了。

那么，放他们通过跨街天桥去，在小武警战士那儿，怎么就成了坚决不行，并且也要求被充分理解的"难处"呢？

如果他放行了，情况很可能是这样的——戒严任务结束后，桥那一端的小武警战士，十之八九会向领导汇报。倘他俩关系挺好，桥那一端的小武警战士大约不至于汇报。但我从他朝桥那一端望过去时的表情推断，他俩的关系并没好到对方肯定不至于汇报他违纪做法的程度。

如果对方汇报了，那么又有以下三种可能——一种可能是，领导认为他能急人民群众之所急，做得完全正确，非但没批评他没处分他，反而当众表扬了他，并且强调在特殊情况之下，既要保障"首长"们的车辆通行安全，也要兼顾人民群众之方便；另一种可能是，领导既没对他进行警告、批评乃至处分，也没表扬，什么态度也没有，将事情压下了；第三种可能是，对那位"放行"的小武警战士进行严肃甚至严厉的批评，给以处分，为的是惩一儆百。

三种可能中，最大的可能是哪一种呢？

我觉得最大的可能是第三种情况。

交通管制是为了什么？为了确保首长们的车辆通行时绝对安全。确保是什么意思？那就是万无一失！万无一失怎么才能做到？那就必须提前戒严。身为武警战士，执行的正是戒严任务，那你为什么还要违反命令放人过桥？

不怕一万，就怕万一……

顺着这一种思想惯性思想下去，会思想出各种各样后果严重的"万一"来。

总而言之，若不处分，行吗？

结果小武警战士的命运就注定了特值得同情了。用他自己的话说——即使有人同情他，那同情对他又有什么实际的意义呢？

尤其是，如果他的直接领导是一位新上任的领导，那么采取最后一种态度的可能性几乎会是百分之百。不一定坚持给予处分，但批评和警告是绝对免不了的。

新上任嘛，来日方长，不重视执行命令的严肃性还行？

于是，会释放一种信息——为了确保"首长"们的车辆通行安全，没有什么特殊情况不特殊情况的，一切人的一切要求、请求，不管听起来看起来是多么的应该予以方便，那也是根本不能给予方便的……

第二种可能性也不是没有，但会很小。有的前提必是——那个小武警战士的直接领导者即将离退，心想多大点儿事呢，一直对下属要求严格，这一次就别太认真了吧，于是息事宁人地"嗯嗯啊啊"地就过去了。又于是，那小武警战士侥幸避过"一劫"。这种结果，只能是恰逢直接领导者即将离退，连即将晋升都会是另一种结果。让我们假设他的直接领导者是位排长，他听了一名战士的汇报，怎么可能完全没有态度呢？那么，态度无非两种——一种是自己行使批评警告的权力，事后却并未向上一级领导汇报；一种是既然实行了批评警告，作为一种擅自违反安保命令的现象，自然还须向连长汇报。而一旦由排长汇报给了连长，再由连长汇报给了营长，那一件事，极可能就成为全团进行职责教育时的反面典型事例了！

可是依我想来，它多么应该成为这样一件事啊——当大娘讲完自己要过桥的理由之后，小武警战士礼貌地说："大娘，我在执行任务，不能搀您上桥了，您二老别急，慢慢上台阶，慢慢过桥去啊！"

如果当时的情况竟是这样，那么周围的人自然也就不会七言八语地训他了，内心里必会觉得到一分这社会的温暖了。那老大爷，自然也就不会郁闷到极点地哼出那么一声了。

明明可以这样的，为什么就偏偏没这样呢？

想到这里，我觉得，第一种可能性的概率几乎为零。

并且接着做如是想——即使我是那位小武警战士的排长、连长或营长，我内心里本是要这么表态的——他做得很对啊！在任何情况之下，我们都应兼顾到人民群众的方便，希望大家以后向他学习！

可是，我真的敢将内心里的这种态度变成欣慰又热忱的话语说出来吗？

我觉得我没有足够的勇气。

我会顾三虑四。

如果，我的话传到了我上级的耳中，他们根本不认同我的思想呢？

或者更糟，我的战士们接受了我的思想，在某一次执行"交管"任务时，遇到类似情况，也好心地放行了，结果出事了呢？比如正值"首长"们的车辆通过，被好心放行的人，从怀中拽出什么标语，刷地从桥上垂将下去；又比如，看上去那么温良的大娘或大爷，一旦上了桥，却要往桥下跳呢？当下社会矛盾多多，谁也没法预知别人是否纠结于什么矛盾之中！……

不怕一万，就怕万一。

那"万一"一旦发生，一名小排长兜得住其重大责任吗？

从那日以后，我对于我这样的作家所一向秉持的——要用人文主义创作原则进行创作，以包含人文主义元素的作品影响人们，进而改变社会风气的坚持，好生的灰心丧气。

并且，感觉到着一种前所未有的悲哀——因为我为之再三思想的这一件事，"首长"们肯定从不知晓。

"人文"之社会元素是什么？

以最具体、最起码的理解来说，无非便是人人都较自觉地使我们每个人天天生活其中的社会大家庭里增添一些能使人心暖和一下的想法和做法而已。

"人文"之社会元素在哪里？

它首先在人的头脑里，体现为一种思想；随之要注入人的心里，体现为情理；再之后则变为言行，体现于社会的方方面面。

可要使我们国人的头脑里也有几分"人文"思想，怎么就这么难呢？

试问诸位读者，如果你是那位小武警战士，你当时会怎么做？如果你是他的领导，你听了汇报之后，又会如何表态?

而同样值得同情的，我认为也包括"首长"们。

因为我相信，他们如果预先知道，或事后知道，由于他们的出行，一位大娘憋了一泡尿，却不能赶紧过一座跨街天桥回家上厕所，他们要不生气才怪了呢!

但他们预先当然不会知道。

事后当然也不会知道。

在中国，"人文"二字的朴素原则，正是被如此这般地解构的。

好比从前中国孩子用几块石子就可以在地面上玩的游戏——"憋死牛"……

二零一二年十二月七日

人生和它的意义

　　确实，我曾多次被问到——"人生有什么意义？"往往，"人生"之后还要加上"究竟"二字。

　　迄今为止，世上出版过许许多多解答许许多多问题的书籍，证明一直有许许多多的人思考着许许多多的问题。依我想来，在同样许许多多的"世界之最"中，"人生有什么意义"这一个问题，肯定是人的头脑中所产生的最古老、最难以简要回答明白的一个问题吧？而如此这般的一个问题，又简直可以算得上是一个"哥德巴赫猜想"或"相对论"一类的经典问题吧？

　　动物只有感觉；而人有感受。

　　动物只有思维；而人有思想。

　　动物的思维只局限于"现在时"；而人的思想往往由"现在时"推测向"将来时"。

　　我想，"人生有什么意义"这一个问题，从本质上说，是从"现在时"出发对"将来时"的一种叩问。是对自身命运的一种叩问。世界上只有人关心自身的命运问题。"命运"一词，意味着将来怎样。它绝不是一个仅仅反映"现在时"的词。

　　"人生有什么意义"这一个问题既与人的思想活动有关，那么我们一查人类的思想史便会发现，原来人类早在几千年以前就希望自我解答"人生有什么意义"

的问题了。古今中外，解答可谓千般百种，形形色色。似乎关于这一问题，早已无须再问，也早已无须再答了。可许许多多活在"现在时"的人却还是要一问再问，仿佛根本不曾被问过，也根本不管有谁解答过。

确实，我回答过这一问题。

每次的回答都不尽相同；每次的回答自己都不满意；有时听了的人似乎还挺满意，但是我十分清楚，最迟第二天他们又会不满意。

因为我自己也时常困惑，时常迷惘，时常怀疑，并时常觉出看自己人生的索然。

我想，"人生有什么意义"这一个问题，最初肯定源于人的头脑中的恐惧意识。人一次又一次地目睹从植物到动物甚而到无生命之物的由生到灭由坚到损由盛到衰由有到无，于是心生出惆怅；人一次又一次地眼见同类种种的死亡情形和与亲爱之人的生离死别，于是心生出生命无常人生苦短的感伤以及对死的本能恐惧——于是"人生有什么意义"的沮丧便油然产生。在古代，这体现于一种对于生命脆弱性的恐惧。"老汉活到六十八，好比路旁草一棵；过了今年秋八月，不知来年活不活。"从前，人活七十古来稀，旧戏唱本中老生们类似的念白，最能道出人的无奈之感。而古希腊的哲学家们，亦有认为人生"不过是场梦幻，生命不过是一茎芦苇"的悲观思想。

然而现代了的人类，已有较强的能力掌控生命的天然寿数了。并已有较高的理性接受生死之规律了。现代了的人类却仍往往会叩问"人生的意义"何在，归根结底还是源自一种恐惧。这是不同于古人的一种恐惧。这是对所谓"人生质量"尝试过最初的追求而又屡遭挫折，于是竟以为终生无法实现的一种恐惧。这是几乎就要屈服于所谓"厄运"的摆布而打算听天由命时的一种恐惧。这种恐惧之中包含着理由难以获得公认而又程度很大的抱怨。是的，事情往往是这样，当谁长期不能摆脱"人生有什么意义"的纠缠时，谁也就往往真的会屈服于所谓"厄运"的摆布了；也就往往会真的听天由命了；也就往往会对人生持消极到了极点的态度了。而那种情况之下，人生在谁那儿，也就往往会由"有什么意义"的疑惑，快速变成了"没有意义"的结论。

对于马，民间有种经验是——"立则好医，卧则难救"。那意思是指——马连睡觉都习惯于站着，只要它自己不放弃生存的本能意识，它总是会忍受着病痛顽强地站立着不肯卧倒下去；而它一旦竟病得卧倒了，则证明它确实已病得不轻，也同时证明它本身生存的本能意识已被病痛大大地削弱了。而没有它本身生存本能意识的配合，良医良药也是难以治得好它的病的。所以兽医和马的主人，见马病得卧倒了，治好它的信心往往也大受影响。他们要做的第一件事，又往往是用布托、绳索、带子兜住马腹，将马吊得站立起来，如同武打片中吊起那些飞檐走壁的演员们那一种做法。为什么呢？给马以信心。使马明白，它还没病到根本站立不住的地步。靠了那一种做法，真的会使马明白什么吧？我相信是能的。因为我下乡时多次亲眼看到，病马一旦靠了那一种做法站立着了，它的双眼竟往往会一下子晶亮了起来。它往往会咴咴嘶叫起来。听来那确乎有些激动的意味，有些又开始自信了的意味。

一般而言，儿童和少年不太会问"人生有什么意义"的话，他们倒是很相信人生总归是有些意义的，专等他们长大了去体会。厄运反而不容易一下子将他们从心理上压垮，因为父母和一切爱他们的人，往往会在他们不完全知情时，就默默地替他们分担和承受了。老年人也不太会问"人生有什么意义"的话。问谁呢？对晚辈怎么问得出口呢？哪怕忍辱负重了一生，老年人也不太会问谁那么一句话。信佛的，只偶尔独自一人在内心里默默地问佛。并不希冀解答，仅仅是委屈和抱怨的一种倾诉而已。他们相信即使那么问了，佛品出了抱怨的意味，也是不会责怪他们的。反而，会理解于他们，体恤于他们。中年人是每每会问"人生有什么意义"的。相互问一句，或自说自话问自己一句。相互问时，回答显然多余。一切都似乎不言自明，于是相互获得某种心理的支持和安慰。自说自话问自己时，其实自己是完全知道着一种意义的。

上有老下有小的人生，对于大多数中年人来说都是有压力的人生。那压力常常使他们对人生的意义保持格外的清醒。人生的意义在他们那儿是有着另一种解释的——责任。

是的，责任即意义。是的，责任几乎成了大多数是寻常百姓的中年人之人生的最大意义。对上一辈的责任；对儿女的责任；对家庭的责任；总而言之，是子女又为子女，是父母又为父母，是兄弟姐妹又为兄弟姐妹的林林总总的责任和义务，使他们必得对单位对职业也具有铭记在心的责任和义务。

在岗位和职业竞争空前激烈的今天，后一种责任和义务，是尽到前几种责任和义务的保障。这一点无须任何人提醒和教诲，中年人一向明白得很，清楚得很。中年人问或者仅仅在内心里寻思"人生有什么意义"时，事实上往往等于是在重温他们的责任课程，而不是真的有所怀疑。人只有到了中年时，才恍然大悟，原来从小盼着快快长大好好地追求和体会一番的人生的意义，除了种种的责任和义务，留给自己的，即纯粹属于自己的另外的人生的意义，实在是并不太多了。他们老了以后，甚至会继续以所尽之责任和义务尽得究竟怎样，来掂量自己的人生意义。"究竟"二字，在他们那儿，也另有标准和尺度。中年人，尤其是寻常百姓的中年人，尤其是中国之寻常百姓的中年人，其"人生的意义"，至今，如此而已，凡此而已。

"人生有什么意义"这一句话，在某些青年那儿，特别在是独生子女的小青年们那儿问出口时，含义与大多数是他们父母的中年人是很不相同的。

其含义往往是——如果我不能这样；如果我不能那样；如果我实际的人生并不像我希望的那样；如果我希望的生活并不能服务于我的人生；如果我不快乐；如果我不满足；如果我爱的人却不爱我；如果爱我的人又爱上了别人；如果我奋斗了却以失败告终；如果我大大地付出了竟没有获得丰厚的回报；如果我忍辱负重了一番却仍竹篮打水一场空；如果……如果……那么人生对于我究竟还有什么意义？

他们哪里知道啊，对于他们的是中年人的父母，尤其是寻常百姓的中年人的父母，他们往往即是父母之人生的首要的、最大的、有时几乎是全部的意义。他们若是这样的，他们是父母之人生的意义；他们若是那样的，他们是父母之人生的意义；换言之，不论他们是怎样的，他们都是父母之人生的意义；而当他们备觉人生没有意义时，他们还是父母之人生的意义；若他们奋斗成为所谓"成功者"了，他们的父母之人生的意义，于是似乎得到一种明证了；而他们若一生平凡着呢？尽管他们一生平凡着，他们仍是父母之人生的意义。普天下之中年人，很少像青年人一样，因了儿女之人生的平凡，而倍感自己们之人生的没意义。恰恰相反，他们越平凡，他们的平凡的父母，所意识到的责任便往往越大，越多……

由此我们得到一种结论，所谓"人生的意义"，它一向至少是由三部分组成的：一部分是纯粹自我的感受；一部分是爱自己和被自己所爱的人的感受；还有一部分是社会和更多有时甚至是千千万万别人的感受。

当一个青年听到一个他渴望娶其为妻的姑娘说"我愿意"时，他由此顿觉人生饱满着一切意义了，那么这是纯粹自我的感受。

"世上只有妈妈好，有妈的孩子是块宝"——这两句歌词，其实唱出的更是作为母亲的女人的一种人生意义。也许她自己的人生是充满苦涩的，但其绝对不可低估的人生之意义，宝贵地体现在她的孩子身上了。

爱迪生之人生的意义，体现在享受电灯、电话等发明成果的全世界人身上；林肯之人生的意义，体现在当时美国获得解放的黑奴们身上；曼德拉的人生意义体现于南非这个国家了；而俄罗斯人民，一定会将普京之人生的意义，大书特书在他们的历史上……

如果一个人只从纯粹自我一方面的感受去追求所谓人生的意义，并且以为唯有这样才会获得最多最大的意义，那么他或她到头来一定所得极少。最多，也仅能得到三分之一罢了。但倘若一个人的人生在纯粹自我方面的意义缺少甚多，尽管其人生作为的性质是很崇高的；那么在获得尊敬的同时，必然也引起同情。比如阿拉法特，无论巴勒斯坦在他活着的时候能否实现艰难的建国之梦，他的人生之大意义对于巴勒斯坦人都是明摆在那儿的。然而，我深深地同情这一位将自己的人生完完全全民族目标化了的政治老人……

权力、财富、地位，高贵得无与伦比的生活方式，这其中任何一种都不能单一地构成人生的意义。即使合并起来加于一身，对于人生之意义而言，也还是嫌少。

这就是为什么戴安娜王妃活得不像我们常人以为的那般幸福的原因。贫穷、平凡、没有机会受到高等教育、终生从事收入低微的职业，这其中任何一种都不能单一地造成对人生意义的彻底抵消。即使合并起来也还是不能。因为哪怕命运从一个人身上夺走了人生的意义，却难以完全夺走另外一部分，就是体现在爱我们也被我们所爱的人身上的那一部分。哪怕仅仅是相依为命的爱人，或一个失去了我们就会感到悲伤万分的孩子……

而这一种人生之意义，即使卑微，对于爱我们也被我们所爱的人而言，可谓大矣！

人生一切其他的意义，往往是在这一种最基本的意义上生长出来的。

好比甘蔗是由它自身的某一小段生长出来的……

二零零三年七月

175

指证中国文化之摇篮

我以我眼回顾历史，正观之，侧望之，于是，几乎可以得出一个特别自信的结论——所谓中国文化之相对具体的摇篮，不是中国的别的地方，尤其并不是许多中国人长期以来以为的中国的大都市。不，不是那样。恰恰相反，它乃是中国的小城和古镇，那些千百年来在农村和大城市间星罗棋布的小城和古镇。

仅以现代史一页为例，我们所敬重的众多彪炳史册的文化人物，都曾在中国的小城和古镇留下过童年和少年时期成长的身影。小城和古镇，也都必然地以它们特有的文化底蕴和风土人情濡染过他们。开一列脱口而出的名单，那也委实是气象大观。如蔡元培、王国维、鲁迅、郭沫若、茅盾、叶圣陶、郁达夫、丰子恺、徐志摩、废名、苏曼殊、凌叔华、沈从文、巴金、艾芜、张天翼、丁玲、萧红……

这还没有包括一向在大学执教的更多的文化人士，如朱自清、闻一多等；而且，也没有将画家、戏剧家、早期电影先驱者们以及哲学、史学等诸文化学科的学者们加以点数……

我要指出的是——小城和古镇，不单是他们的出生地，也是他们初期的文化品格和文化理念的形成地。看他们后来的文化作为，那初期的烙印都是很深的。

小城和古镇，有德于他们，因而，也便有德于中国之近代的文化。

摇篮者，盖人之初的梦乡的所在也。大抵，又都有歌声相伴，哪怕是愁苦的，也是歌，必不至于会是吼。通常，也不一向是哀哭。

故我以为，"厚德载物"四字，中国之许许多多的小城和古镇，那也是决然当之无愧的。它们曾"载"过的不单是物也，更有人也，或曰人物。在他们还没成人物的时候，给他们以可能成为人物的文化营养。

小城和古镇的文化，比作家常菜，是极具风味的那一种，大抵是加了各种的佐料腌制过的；比作点心，做法往往是丝毫也不敢马虎的，程序又往往讲究传统，如糕——很糯口的一种；比作酒，在北方，浓烈，"白干"是也，在南方，绵醇，自然是米酒了。

小城和古镇，于地理位置上，即在农村和城市之间，只需年景太平，当然也就大得其益于城乡两种文化的滋润了。大都市何以言为大都市，乃因它们与农村文化的脐带终于断了。不断，便大不起来。既已大，便渐生出它自己必备的文化了。一旦必备了，则往往对农村文化侧目而视了。就算也还容纳些个，文化姿态上，难免地已优越着了。而农村文化，于是产生自知之明，敬而远之。小城和古镇却不同，它们与农村在地理位置上的距离一般远不到哪儿去。它们与农村文化始终保持着亲和关系。它们并不想剪断和农村文化之间的脐带，也不以为鄙薄农村文化是明智之举。因为它们自己文化的不少部分，千百年来，早已与农村文化胶着在一起，撕扯不开了。正所谓藕断丝连，用北方话说就是——"打断骨头连着筋"。另一方面，小城和古镇，是大都市商业的脚爪最先伸向的地方，因为这比伸入到国外去容易得多，便利得多。大都市的商业的脚爪，不太有可能越过阻隔在它和农村之间的小城和古镇，直接伸向农村并达到获利之目的。它们在商业利益的驱使下，不得不与小城和古镇发生较密切的关系。有时，甚至不得不对后者表现青睐。于是，它们便也将大都市的某些文明带给小城和古镇了。起初是物质的，随之是文化的。比如，小城和古镇起先也出现留声机的买卖了，随之便会有人在唱流行歌曲了。而小城和古镇的知识起来了的青年们，他们对于大都市里的文明自然是心向往之的。既向往物质的，更向往文化的。他们对于大都市里的文明的反应是极为敏感的。而只有对事物有敏感反应的人，其头脑里才会有敏感的思想可言。故一个小城和古镇中的知识起来了的青年，在他还没有走向大都市之前，就已经是相当有文化思想的人了，比大都市中的知识起来了的青年更有文化思想。因为他们是站在一个特殊的文化立场，即小城和古镇的文化立场；进言之，乃是一种较传统的文化立场来审视大都市文明的。那可能保守，可能偏狭，可能极端，然而，对于文化人格型的青年，立场和观点的自我矫正，只不过是早晚之事。他们有自我矫正的本能和能力。他们一旦成为大都市中人，再反观来自于的小城和古镇，往往又另有一番文化的心得。古老的和传统的文化与现代的和新潮的文化思想，在他们的头脑中发酵，化合，或扬或弃，或守或拒，反映到他们的文化作为方面，便极具个性，便凸显特征。于是使中国的现代现象由而景观纷呈。何况，他们的文化方面的启蒙者，亦即那些小城里的学堂教师和古镇里的私塾先生，又往往是在大都市里谋求过人生的人，载誉还乡也罢，失意归里也罢，总之是领略过大都市的文化的。他们对大都市文化那一种经过反刍了的体会，也往往会在有意无意之间哺育给他们所教的学生们。

　　谈论到他们，于是才谈论到我这一篇短文的自以为的要点，那便是—— 我以我的眼看来，我们中国之文化历史，上下五千年，从大都市到小城到古镇，原本有一条自然而然形成的链条；一个世纪又一个世纪、一代又一代形形色色的文化人归去来兮往复不已的身影，作为其中最典型的代表人物便是孔子。他人生的初衷是要靠了他的学识治国平天下的，说白了那初衷就是要"服官政"的。当不成官，他还有一条退路，即教书育人。在还有这一条退路的前提之下，才有孔门的弟子三千，贤者七十。他们中之大多数，后来也都成了"坐学馆"的人或乡间的私塾先生。而且其学馆，又往往开设在躲避大都市浮躁的小城和古镇。小城和古镇，由而代代的才人辈出，一个世纪又一个世纪地输送往大都市；大都市里的文化舞台，才从不至于冷清。又，古代的中国，一名文化了的人士，一辈子为官的情况是不多的。脱下官袍乃是经常的事。即使买官的人，花了大把的银子，通常也只能买到一届而已。即使做官做到老的人，一旦卸却官职，十有七八并不留居京都，而是举家还乡。若他们文化人的本性并没有因做官而彻底改变，仍愿老有所为，通常所做第一件第一等有意义的事，那便是兴教办学。而对仕途丧失志向的人，则更甘于一辈子"坐馆"，或办私塾。所谓中国文化人士传统的"乡土情结"，其实并不意味着对农村的迷恋，而是在离农村较近的地方固守一段也还算有益于他人有益于国家民族的人生，即授业育人的人生。上下五千年，至少有三千年的历史中，每朝每代，对中国文化人的这一退路，还是明白应该给留着的。到了近代，大清土崩瓦解，民国时乖运戾，军阀割据，战乱不息，强寇逞凶，疆土沦丧——纵然在时局这么恶劣的情况之下，中国之文化人士，稍得机遇，那也还是要力争在最后的一条退路上孜孜以求地做他们愿做的事情的……

然而，在一九四九年以后的历次政治运动中，他们连一心想要做的都做不成了。他们配不配做，政治上的资格便成了问题。一方面，从大都市到小城到古镇到农村，中国之一切地方，空前需要知识和文化的讲授者，传播者；另一方面，许许多多文化人士和知识分子在运动中被无情地打入另册，从大都市发配甚或押遣原籍——亦即他们少年时期曾接受过良好文化启蒙的小城和古镇。更不幸者，被时代如扫垃圾一般扫回到了他们所出生的农村。然后是"反右"，再然后是"文革"，文化人士和知识分子魂牵梦绕的故乡，成了他们的人生厄运开始的地方。而农村、古镇、小城、大都市之间，禁律条条，人不得越雷池半步……

一条由文化人士和知识分子们的自然流动所形成的文化的循环往复的链条，便如此这般地被钳断了。受到文化伤害最深重的是小城和古镇。从前给它们带来文化荣耀感的成因，一经彻底破坏，在人心里似乎就全没了意义和价值……

碎玉虽难复原，断链却是可以重新接上的。

今天，我以我的眼看到，某些以文化气息著称的小城和古镇，正在努力做着织结文化经纬的事情。总有一天，某些当代的文化人士和知识分子，厌倦了大都市的浮躁和喧嚣，也许还会像半个多世纪以前那样，退居故里。并且，在故里，尽力以他们的存在，氤氲一道道文化的风景。

是啊，那时，中国的一些小城和古镇，大概又会成为中国之文化的摇篮吧？

中国的文化需要补课吗

　　二十世纪八十年代以后，"差距"二字，几成国人口语。改革开放伊始，门户渐敞，欧风徐入，吾往彼至，两相比照，于是我们"猛"地发现了自己和西方发达国家之间的区别。那区别意味着显而易见的落后。那落后令我们汗颜。于是在惊呼"差距"的同时，油然而生出自觉"补课"的迫切愿望。

与政协委员施大畏、张抗抗及中国文联副主席杨承志合影

要补一些什么课呢?

首先要补经济发展模式一课,还要补上企业管理方法一课,科研水平也不能再居人下游了,教育的理念更应迎头赶上。至于国民文明素质,那还用说吗?哪一个国家的人不希望别国人夸自己是文明的人呢?

时至今日,我们确实补上了不少方面的"课"。那些"课"补得很及时,亦殊破禁忌。对于中国之崛起,助推作用不言而喻。

二十余年弹指一挥间,倘我们反观昨天,会发现一个特别奇怪的现象,那就是——从昨天到今天,我们张口"差距"闭口"补课",虔虔诚诚地自我提醒了二十余年,却很少听到一种格外响亮又格外能引起共鸣的声音——其实我们在文化方面与西方发达国家相比也是有差距的!而且,那差距也很大。客观地看待,恐怕我们曾落后过还不止五十年。尽管如今看来,别人的文化在时尚着、娱乐着,我们的文化也同样在时尚着、娱乐着,但拂去时尚的浮光掠影、娱乐之喧嚣,那差距又分分明明地呈现着了。换言之,时尚过后娱乐过后的他们,足下踏石,因而也踏实。那是一块文化的石。而我们,竭力以比他们更时尚更娱乐的姿态表演着我们当今的文化,为的是和他们一样。然彼此彼此之后,脚下却似无物。总而言之,给我们这么一种印象——我们整个的民族,精神上似乎已无所依傍,于是,文化上也只能比别人更不消停地时尚和娱乐。一旦不时尚不娱乐了,我们的文化便失语了。倘真的停止时尚停止娱乐,我们睁大我们的眼,也许会看不到我们剩下来的文化还有什么……

乃因那差距所决定的。

人文现象、人文意识、人文思潮——人类用了有文字以来三千余年的时间,缓慢而又自信地完成着文化的演进。在这三千余年的时间里,我们中国人在文化思想方面是无愧于世的。即使不比别人优秀,也起码不比别人落后。

然而到了近代,情况却大相径庭了。

当西方的文化开始擎起人文主义旗帜的时候,我们正处在清朝腐朽又腐败因而注定没落的末叶。

落后就要挨打,这一句话不应仅仅被诠释为、被理解为经济落后、科技落后、军事落后了就要挨打。

文化落后了也是要挨打的。

因为，我们从一个国家落后的现象回顾它的历史，必能自五十年前一百年前或更长时间以前它的文化思想中，指证出它以后在政治、经济、科学、军事、教育、国民素质等诸方面必然落后的真正原因。

怎么能指望清王朝也乐于跟进人类历史发展的阶段，能动性地迈向资本主义？它视资本主义如厄运，统治心理上当然憎恨人文主义的文化思想。

故我对于大唱清王朝赞歌的文化现象是极为嫌恶的。

我以我眼看历史，它面临了腐朽又腐败的时期，它对人文主义文化思想便很憎恨。

到了"五四"运动，当中国人终于在清王朝的废墟上举起人文主义文化思想的旗帜时，西方资本主义文化业已基本完成了初期人文主义的启蒙和普及。

自由要的是人性权利；平等要的是人生权利；博爱主张的是社会原则。

以为西方初期人文主义所言之"平等"乃是"法律面前人人平等"，是一种长期以来的曲解。

如果一个国家的法律都不能平等地对待它的一切公民，那么这个国家就有点危险了。

"法律面前人人平等"连人文主义所言的平等的底线都根本算不上。

西方初期人文主义所言之"平等"乃指人人生来都有权向他或她的国家诉求受教育的权利、从事职业的权利、生病就医的权利和其他种种社会保障的权利。而这当是国家的至高义务。

"五四"运动是我们中国人对自己的文化下的一剂猛药。它的功过，此不赘言。然而它是一场夭折了的人文主义的文化启蒙运动，却是不争的事实。

后来呢，军阀割据，烽烟四起，连年内战，"城头变幻大王旗"——任何的文化思想，都难弘扬。文化不知何处去，处处空留文化城。

再后来，日寇猖獗，山河破碎……

接着是内战……

文化何曾有过喘息的时候？

而一九四九年以后，中国进入了以服务于阶级斗争的文化为主流文化的阶段，连人道主义也成为文化避之不及的雷区；而"自由"和"平等"，则成为文化所猛烈攻击的"反动"文化思想……

那时，西方诸国之文化，已开始进入后人文时期，即提升资本主义形象的文化建构时期。

如今我们反观中国八十年代的种种文化现象，一切正面意义的总和，其实只不过是在做着西方许许多多文化知识分子早就通力而为，并且做得卓有成效的事情。

雨果也罢，安徒生也罢，他们一百七八十年前所启蒙的文化思想，比一百七八十年后的所有中国文化知识分子共同的文化思想成果影响还要深远。

我以我眼看来，其后的某些事情，实在也是文化太过受压，思想太过郁闷的结果。

商业文化的时代来了。

时尚文化的时代来了。

娱乐文化的时代来了。

我们现当代文化链环上断缺的一环，依然断缺着……

若问，我们和我们的下一代，乃至下一代的下一代，在商业的、时尚的、娱乐的文化背景前狂欢之时，谁能告诉我，脚下垫着什么没有？倘有，那"东西"的成色是什么？倘竟没有，我们又该为我们的下一代做点什么？怎么做？

我困惑。

一个国家的当下状态，所反映的必是它此前五十年来，一百年来，两百年来乃至更长时期以来的文化的演进过程和趋势。

我们的文化，端详它半个多世纪里的容貌，在人文主义的思想方面是太稀缺了，而要在极其商业的、时尚的、娱乐的快餐式的文化时代补上这一课，形同亡羊补牢也。

但那也不能不补！

论人心冷暖与世态炎凉

——关于文化的琐思

一

一八六二年，俄国。屠格涅夫在《俄罗斯导报》发表了代表作《父与子》，副标题为《新人记事》。

一八六三年，还是俄国。车尔尼雪夫斯基在《现代人》杂志发表了《怎么办》，也有副标题，是《新人的故事》。创作《怎么办》时的车尔尼雪夫斯基，因宣传社会民主主义思想而被关入了彼得保罗要塞的单人牢房，《怎么办》是铁窗文学成果。

二十几年后，中国的梁启超发表论文，呼吁当时的文学人士以小说育"新民"。

一九一一年十二月，中华民国成立，陈独秀著文疾呼——一九一一年以前出生之国人当死！一九一一年以后之国人永生。

一九一五年，《新青年》杂志在中国问世。

一九一八年，鲁迅发表《狂人日记》。

一九二一年，鲁迅发表《阿Q正传》。

让我们将视线再投向欧洲，屠格涅夫发表《父与子》的同年，雨果出版了《悲惨世界》。一八七四年，他完成了最后一部小说《九三年》。

而在英国，比《父与子》、《悲惨世界》早三年，狄更斯晚年最重要的小说《双城记》问世——那一年是一八五九年。

一八八八年王尔德出版童话故事集《快乐王子》。

一八九一年哈代出版《苔丝》。

在德国，一八八三年至一八八五年，尼采完成了《查拉图斯特拉如是说》。

……

将以上（当然不仅限于以上）跨国界文学现象排列在一起，从中探究文学与时代、与社会、与人心即人性之关系，寻找文学在后文化时代亦即娱乐时代或许还有的一点儿意义，是我十几年前就开始思考的事情。

我得出这样的结论：

那些我所崇敬的文学大师们，为着他们各自的国的进步，一生大抵在做两方面的努力——促旧时代速朽，助新时代速生。

为使旧时代速朽，于是实行暴露、解剖与批判。既批判旧的制度，也批判"旧的人"，那类自在于、适应于、麻木而苟活于旧制度之下的人。

为使新时代速生，于是几乎不约而同地预先为他们尚看不分明的新时代"接生"新人。新时代并未实际上出现，他们便只能将新人"接生"在他们的作品中。

"旧的人"倘是多数，那么即使旧的时代行将就木，也还是会以"世纪"的时间概念延续末日。因为"旧的人"是旧时代的寄生体，就像"异形"寄生人体。

新人倘不多起来，新时代终究不过是海市蜃楼。因为新时代只能与新人相适合，就像城市文明要求人不随地便溲。

车尔尼雪夫斯基们是知晓这一历史规律的。

二

《父与子》中的巴扎罗夫这一俄罗斯新人，反权威，具有独立思考之精神，在乎自身人格标准，对旧制度勇于进行无情批判，对于旧式人物纵然是讲道德的旧式人物，每每冷嘲热讽。但屠格涅夫最后使他由于失恋而心理受挫折而颓唐而死于疾病加郁闷，屠氏这一位"接生婆"，他接生了巴扎罗夫这一新人，又用文字"溺死"了他。

也许屠氏认为，一个新人，是根本没法长久生活在旧环境中的，他太孤单，孤单会使人很快形成脆弱的一面。并且，他的基因中，不可能不残留着"旧的人"的遗传。比如他的偏执丝毫不逊色于老贵族巴威尔。而偏执——这正是俄国老贵族们不可救药的特征。

车尔尼雪夫斯基比屠格涅夫要乐观多了。在寒冷的俄罗斯的冬季，在彼得保罗供暖一向不足的单人牢房里，他以极大的希望为热度，用四个月专执一念的时间，"接生"下了他的"样板新人"罗普霍夫。罗普霍夫是一位理想社会主义者，医学院成绩优等的学生，正准备攻读博士，被公认是将来最有前途成为教授的精英青年。然而这极具正义感的平民之子，一旦得知他的家教学生——少女薇拉的父母将她许了一个贵族纨绔子弟，而她决定以死挣脱时，他大胆地"拐走了"她，并与她结为夫妻。他因而被学院开除，也断送了成为教授的前途，但他善良不减，正义不减，在朋友吉尔沙诺夫的帮助下，与薇拉办起了家庭服装厂，实行社会主义工资原则。一切看来似乎并不坏，但不久薇拉和吉尔沙诺夫都深深地爱上了对方。吉尔沙诺夫不再登门做客了，薇拉要求自己以更大的主动来爱丈夫，却无论如何也不能将敬爱提升为亲爱，三个"新人"皆陷入深深的痛苦之中。

怎么办？

对于病入膏肓的俄罗斯，除了期待"新人"的救治别无他法。

"新人"面临人类最自私的情感纠葛又怎么办？

罗普霍夫做出了完全利他的选择——"投河自杀"，以断薇拉和吉尔沙诺夫的挂牵。而实际上，他赴美参加废奴运动去了。多年以后，他与不仅敬爱他且对他亲爱有加的妻子回到俄罗斯，并与吉尔沙诺夫夫妇成为好邻居……

伟大的社会民主主义先驱，为老俄罗斯所接生的"新人"确乎在人性品质和人格原则两方面影响了以后几代的俄罗斯青年。

回忆起一九七四年的春季，"文革"中的中国批判车尔尼雪夫斯基不久，一位复旦大学的三十多岁的而且不是学中文的老师，仅因在《兵团战士报》上读了我的一篇小说《向导》，便从佳木斯到哈尔滨到北安再乘十小时左右的长途汽车到黑河，最终住进我们一团简陋的招待所，迫切约见我这名"政治思想有问题"

的知青，关上门与我小声谈论《怎么办》，仍感慨多多。

雨果的《悲惨世界》其实也为法国塑造了两个重要的"新人"，即米里哀主教和冉·阿让。联想到年轻时的雨果曾在《巴黎圣母院》中力透纸背地刻画了一个虚伪的教士福娄洛，竟由自己在晚年塑造了比孔繁森还孔繁森的圣者型主教米里哀，这说明什么呢？

非他。

雨果以他的睿眼看透了一种国家真相——如果善的种子在一个国家的文化土壤及人心中大面积干死，那么什么办法都难以改变一个国家的颓势。

而在这一点上，宗教的作用比文学巨大。

故雨果在他最后一部小说《九三年》中大声疾呼——"在革命之上，是崇敬的人道主义！"

人道主义即主义化的善原则。

那是一头与专制主义战斗了一生的"老狮子"的最后低哞。

如果以"传统现实主义"的"可信"原则来评论，不但米里哀那类好到圣者般的主教是"不可信"的；冉·阿让这名后来变得极为高尚一诺千金的苦役犯更是"不可信"的；而沙威之死可信度也极低。现实生活中即使有类似的主教、苦役犯、警长，那也肯定少之又少，"不典型"。

但人心的善，在"不寻常"年代往往更加感人至深。

随着《悲惨世界》的读者增多，米里哀、冉·阿让、郭文这三位文学形象，越来越引起全欧洲人的沉思——那些小说中的好人的原则，难道真的不可以植入到现实生活中吗？如果植入了，现实生活反而会变得更不好了吗？

由是，文学作为一种文化现象，开始"化"人。

而在英国，狄更斯比雨果在善文学即"好人文学"方面走得更远，也更极致。

暴动与镇压；一方开动了分尸轮，一方频立绞刑架，在如此残酷的背景下，狄更斯讲述了一个凄美的三角恋爱情故事——法国贵族青年查尔斯·达雷与是律师助手的平民青年卡登，都深深地爱上了一个叫露茜的美丽姑娘。达雷因暗中向起义者提供枪支而被关入监狱，等待他的将是死刑。卡登清楚，露茜爱的是达雷，给予他自己的却是纯洁的友谊。为了成全达雷与露茜的爱情，也出于对法国大革命的同情，卡登毅然潜入狱中，营救了达雷，第二天顶替达雷从容地踏上了断头台……

这故事的利他主义倾向当年使中学时代的我讶异万分。

世上怎么可能有卡登那种人啊！

然而正是在"文革"中我才理解了雨果和狄更斯——他们将极善之人性置于血腥时代进行特别理想主义的呈现，乃是为了使人性善发出极致之光！

至于王尔德，这位主张"为文艺而文艺"，并且放浪形骸的文化知识分子，也满怀真诚地为欧洲的孩子们写出了《快乐王子》那么动人的童话！它像《海的女儿》、《卖火柴的小女孩》、《丑小鸭》一样，滋润过几代欧洲少年儿童的心灵。

以我的眼看来，启蒙时期的欧洲作家及文化知识分子们，不遗余力共同肩负起的文化自觉无非体现在这几方面——坚定不移地反对王权专制及其专制下的暴行与丑恶；坚定不移地主张并捍卫思想自由的权利，同时为新时代接生"新人"；以饱满的热情呼唤善的人性与正义之人格。

因为他们知道，倘无善的特征，所谓新人，也许还不如善的"旧人"值得尊敬。

车尔尼雪夫斯基对于"新人"如是说："他们那么做是因为他们身上最好的一面要求他们那样；如果他们换个做法，他们身上那最好的一面就会感到屈辱和痛楚，使之烦恼，他们就会觉得对不起自己。"

至于尼采，我至今不知他为什么会被称为哲学家。"上帝死了"固然是一句包含哲学意味的话，但仅仅一句话是构不成哲学的。至于他为德意志帝国所"接生"的"超人"们，在我看来都是人类危险的敌人。因为他们的人性是冷酷无情的。一旦另一部分人类被他们视为敌人，他们便会按照尼采的思想指令系统，"将战靴踏入敌人口中"。故希特勒后来在德国军队中散发尼采的"超人"小册子一点儿也不奇怪，而"文革"中红卫兵们动辄将谁"打翻在地，再踏上千万只脚"的口号，也是从尼采那儿来的。我曾写过长篇文章批判"中国尼采综合征"。

"文革"——它是"上帝"加"革命超人"们主宰中国的时代,因而是比仅有"上帝"更可怕的时代。

三

梁启超倡导"以小说塑新民"之当年,其实并没几人响应。鲁迅在做着与契诃夫一样的事,意义与契诃夫之于老俄国一样深刻且深远。几乎只有沈从文悟到了什么,却没有根据证明他肯定受到了梁氏的感召。他的湘西山民系列小说中之人物,虽然区别于同时代许多作家笔下的中国男女,但由于着力于表现"原始的生命力",故"蛮民"特征显然,便只丰富了那时的文学人物画廊,并不具有"新人"基因。多少受到东方佛教思想与西方基督思想影响的冰心也分明悟到了什么,低调地秉持"爱的文学"亦即"善的文学"跻身文坛,但与风起云涌孕育着革命的时代格格不入,她以女性心温所代表的一种文学现象,也没获得足够的支持。巴金在《家》中的确塑造了觉民等"新青年"形象,但在初版的《家》中,觉民其实是无政府主义信徒,证明着他内心深处的迷惘。《早春二月》中的萧涧秋其实算得上是一个"新人",因为他有拯救意识——先是参与了拯救国家的大革命,大革命失败后退隐于小镇,转而拯救文嫂母女,却成为小镇人们舌尖上的飞短流长之笑柄,结果文嫂的女儿病死后,文嫂也自杀了,于是宣告他的拯救使命适得其反。电影《大浪淘沙》中的金恭绶与其革命引路人之间有一番对话耐人寻味,当金恭绶欲将仅有的两块银圆送给可怜的老码头搬运工买药时,他的革命引路人对他说:"你帮得了一个,却帮不了全中国千千万万的受苦人!"

这句话暗含着的深意是——善即革命;上善即献身于革命。否则,便不能实现真善之愿望。

四

回眸每望,新中国成立之后,我确乎能从历史的光线中看到一批与新时代共舞的新人们的身影,但因众所周知的原因,后来许多新人按照一样的思维说一样的话,独立思想等于饮毒自杀,人们逐渐习惯了四目相望锁唇舌,连目光里都不再流露半点儿真思想了。于是恰恰是本有资质焕然一新的那些国人，几乎通通变得比"莫谈国事"时的中国的"旧人"更旧。

斗争文学成为主流文学。

一部农村小说中的翻身农民老汉说：我以后活着只有一件主要的事了，就是瞪大两眼，每天盯着马小辫的一举一动。

和中国作协主席、好友铁凝合影

马小辫者，老得仅剩几颗牙的老地主而已。

阶级斗争以话剧的形式演绎到了只有三口人的家庭中，年轻的女婿与贪小便宜的丈母娘之间"原来"也存在着寻常日子里的"阶级斗争"。

阶级斗争也进行到了公社的海椒地里，这次英勇斗争的主角是少年——他发现也同样老得仅剩几颗牙的老地主偷了几个海椒。阶级斗争既然必须以"坚决斗到底"的原则来进行，结果是不敌老地主的少年被掐死了——以真人真事为素材的话剧在全国上演，每一个观看了的少男少女的头脑中都从此不由自主地绷紧了"千万不要忘记阶级斗争"这一根弦。

"对敌人要像寒冬一样残酷无情"——这句令人不寒而栗的话成了时代教义。

由于缺少宗教情怀的影响，也缺少"好人文化"的熏陶，"人性论"在文化之界内界外被批得体无完肤；那么到了"文革"时期，暴力行径比比皆是，简直自然而然，不那样反倒怪了。

五

八十年代亦即新时期以来，"新人"形象首先出现在某些"伤痕文学"、"反思文学"中。《天云山传奇》中的罗群与冯晴岚，能够在极左年代恪守起码的独立思想、人性和人格原则，当然在个人品质方面具有绝不肯让渡的"新人"特质。虽然根本不可能，但请允许我来假设——如果这样的文学和影视作品恰恰及时出现于"文革"中，那么在我看来，其所体现的文化自觉将是光芒万丈的，价值远在《父与子》、《怎么办》之上。还有《芙蓉镇》，还有《平凡的世界》、《沉重的翅膀》……虽然它们究竟在多大程度上影响了现实中人重新定位人何以为人存在疑问，但"新好人"出现在文学作品中这一事实，却足可令梁任公泉下得慰了。

六

倘中国有一个由恪守独立思想，在人性方面发乎本能地善良，在人格方面当仁不让地正义的人们所形成的群体，我是多么的愿意跻身其中而引以为荣，而与时俱进！

但我长期望寻，望得眼都累了，却并没望到过。

具有"独立思想"的人是越来越多了，但却未必个个善良，有的甚至很不善良，也谈不上有多少正义感。

与他们相比，我倒宁肯与那些虽无什么独立思想可言，甚至几无思想习惯，心灵里却似乎先天具有"善根"的人为伍。

中国的"新人"也越来越多了，但在他们的新的服裳之下，我看清了比"旧人"更旧更丑陋更不可救药的心性。

美国电影中反复出现过坏得难以想象的坏人。

但美国乃至欧洲人中的大多数确信——那不是真的。即使真有那么坏的人也是个别现象，生活中还是好人多。

中国小说或电影中一旦出现较好一点儿的人，尤其反映现实生活一类——看后的中国人总会想：那不是真的。即使真有也是个别现象，真实的生活中才没几个真的好人。

我想，八十年代曾在泉下欣慰一时的梁任公，后来又郁闷得恨不能再死一回了吧？

但是我已不太相信"好人文化"或能培育出成批的"新好人"的传说了。

但是自二十世纪九十年代以后，我的笔在批判现实的同时，每稍一歇搁，转而便会写出一个又一个的好人，或感觉到的，或听说的，即使他们只不过好那么一次，好那么一时，好那么一点儿。

因为我知道，好人在中国并没绝种。

我不写好人，就对不起好人的存在。让善的种子永远在我的文字中发芽、生长，对我也是不那么做"就会感到烦恼"的事。"行为艺术"而已。

七

我相信"精神变物质"这一句话。对于"好人文化"和好人的关系也是如此。"好人文化"如果影响了某些人，善良便会沉淀在他们的身体里形成物质性的好人基因。那么他们的下一代一出生便也先天具有好人基因了，亦即民间所言"善根"。

八

在二零零八到二零一零年创作《知青》的过程中，我确乎是将我的"好人文化"之理念全盘地"种牛痘"般地刺种在那些知青人物的心里了。我预料到那将会给人以不真实的感觉——但我当时的想法是：管那些呢！让我所感恩的好人们先在我的笔下活起来！何况即使在"文革"中，我自己便结交了多少好人啊！他们使我不以一篇题为《感激》的散文纪念便感觉罪过。

"文革"也不是好人绝种了的时代。恰在"文革"中，潘光旦死在他的学生费孝通怀里，上海一位江姓女工认领了傅雷夫妇的骨灰……

当变疯了的沈力手举磨得锋利的镰刀威胁战友们，而赵天亮久久凝视他，终于默默从他手中接过去镰刀时，唐曾那一种目光使我为之动容了——我从他的目光中看到了我所希望看到的"东西"。

除了《知青》成为我的机会，使我如愿以偿地呈现"文革"年代一些知青们心底的善，在现实中，我又能另外"幸获"什么机会呢？

我对人性善与人格正义，真的已理想得太久太久了。

人们啊，不管处在什么年代，只要没被关进集中营里，没被剥夺起码的言行自由，能像他们那样好一点儿，好几次，其实不是"难于上青天"之事……

阿门！

二零一二年七月一日

于北京

漫谈教育

大学是人类之一概文明的"反应堆"。

举凡人类文明的所有现象，无一不是在大学里有所反映并进行反应的。

这里所言之"文明"一词，还包含人类未文明时期的地球现象以及宇宙现象；当然，也就同时包含对人类、对地球、对宇宙之未来现象的预测……

荣获全国师德标兵奖留影

论大学

　　大学是人类之一概文明的"反应堆"。

　　举凡人类文明的所有现象，无一不是在大学里有所反映并进行反应的。

　　这里所言之"文明"一词，还包含人类未文明时期的地球现象以及宇宙现象；当然，也就同时包含对人类、对地球、对宇宙之未来现象的预测。

　　故大学里，"文明"一词与在词典中的解释是有区别的，也是应该有区别的。后者是一个有限含义的词汇，而前者的含义几乎是无限的。此结论意味着人类文明的现实能力所能达到的非凡超现实程度。而如此这般的非凡的超现实程度的能力，只不过是人类文明的现实能力之一种。

　　这里所言之"反应"一词，也远比词典中的解释要多义。它是排斥被动作为的。在这里，或曰在大学里，"反应"的词义一向体现为积极的，主动而且特别生动特别能动的意思。人类之一概文明，都会在大学这个"反应堆"上，被分门别类，被梳理总结，被分析研究，被鉴别，被扬弃，被继承，被传播，被发展……

　　故，大学最是一个重视稳定的价值取向的地方。

　　故，稳定的价值取向之相对于大学，犹如地基之相对于大厦。

　　稳定的科学知识和丰富的科技成果，乃是自然科学发展的基础；稳定的人文理念和价值观，乃是社会科学发展的前提。

　　相对于自然科学，价值取向或曰价值观的体现，通常是隐性的。但隐性的，却绝不等于可以没有。倘居然没有，即使自然科学，亦必走向歧途。

例如化学本身并不直接体现什么价值观，但化学人才既可以应用化学知识制药，也可以制毒品，还可以来制生化武器。

于是，化学之隐性的科学价值观，在具体的化学人才身上，体现为显性的人文价值观之结果。

制假药往往不需要什么特别高级的化学专业能力，但那也还是必然由多少具有一些化学知识的人所为的勾当。而那是为具有稳定的人文价值观的人所耻为的。

故稳定的价值观，在大学里，绝不可以被认为是只有社会学科的学子们才应具有的。

故我认为，大学绝不仅仅是一个传授知识和教会技能的地方，还必须是一个培养具有稳定的价值观念的人才的地方。

考察一个国家的发展和它的大学的关系，是具有决定性的一点。

首先，大学教师们自身应该是具有稳定价值观念的人。

对于从事文科教学的大学教师们，自身是否具有稳定的价值观，决定着一所大学的文科教学的品质。

因为在大学里，再也没有别的什么学科，能像文科教学一样每天将面对各种各样的价值观问题。有时体现于学子们的困惑和提问中，有时是五花八门的社会现象和社会问题反映到、影响到了大学校园里。

为了达到一己之名利的目的而不择手段是理所当然的人生经验吗？

大学文科师生每每会在课堂上共同遭遇这样的问题。

大学教师本身倘无稳定的做人的价值观念，恐怕也不能给出对学子们有益的回答吧！

倘名利就在眼前；倘某些手段在犯法的底线之

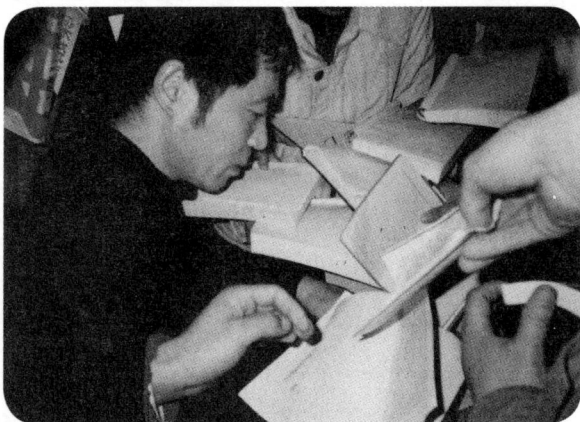

大学讲座后学生纷纷索要签名

196

上（那样的手段真是千般百种、五花八门、层出不穷，在有的人们那儿运用自如，不以为耻反觉得意）；倘虽损着别人的利益却又令别人只有吞食苦水的份儿——这种事竟也是做不得的吗？

窃以为，这样的"问题"成为问题本身便是一个问题。

然而，无论在社会上还是在大学里，其成为"问题"已多年矣。

幸而在大学里有一位前辈给出了自己的明确的回答——他说："我不是一个坏人，我在顾及个人利益的同时，也很习惯地替他人的利益着想。"

不少人都知道的，此前辈便是北大的季羡林先生。

倘无几条终生恪守的德律，一个人是不会这么主张的。

倘无论在社会上还是在大学里，不这么主张的人远远多于这么主张的人，那么"他人皆地狱"这一句话，真的就接近"真理"了。那么，人类到世上，人生由如此这般的"真理"所规定，热爱生活也就无从谈起了。

但我也听到过截然相反的主张。而且不是在社会上而是在大学里。而且是由教师来对学生们说的。

其逻辑是—— 根本不替他人的利益着想是无可厚非的。因为任何一个"我"，都根本没有责任在顾及自己的利益的同时也替他人的利益着想。他人也是一个"我"，那个"我"的一概利益，当然只能由那个"我"自己去负责。导致人人在一己利益方面弱肉强食也没什么不好。因而强者更强，弱者要么被淘汰，要么也强起来，于是社会也得以长足进步……

这种主张，有时反而比季老先生的主张似乎更能深入人心。因为听来似乎更为见解"深刻"，并且还暗合着人人都希望自己成为强者的极端渴望。

大学是百家争鸣的地方。但大学似乎同时也应该是固守人文理念的地方。

所谓人文理念，其实说到底，是与动物界之弱肉强食法则相对立的一种理念。在动物界，大蛇吞小蛇，强壮的狼吃掉病老的狼，是根本没有不忍一说的。而人类之所以为人类，乃因人性中会生出种种不忍来。这无论如何不应该被视为人比动物还低级的方面。将弱肉强食的自然界的生存法则移用到人类的社会中来，叫"泛达尔文主义"。"泛达尔文主义"其实和法西斯主义有神似之处。它不能使人类更进化是显然的。因而相对于人类，它是反"进化论"的。

我想，人类中的强者，与动物界中的强者，当有人类评判很不相同的方面才对。

陈晓明是北大中文系教授，对解构主义研究深透。

据我所知，他在课堂上讲解构主义时，最后总是要强调——有些事情，无论在文学作品中还是在社会现实中，都是不能一解了之的。归根到底，解构主义是一种研究方法，非是终极目的。比如正义、平等、人道原则、和平愿望、仁爱情怀……总而言之，奠定人类数千年文明的那些基石性的人文原则，它们是不可用解构主义来进行瓦解的，也是任何其他的主义所瓦解不了的。像"进化论"一样，当谁企图以解构主义将人类社会的人文基石砸个稀巴烂，那么解构主义连一种学理研究的方法也就都不是了，那个人自己也就同时什么都不是了……

像季羡林先生一样，我所了解的陈晓明教授，也是一个不但有做人德律，而且主张人作为人理应有做人德律的人。

我由而是极敬他的。

我想，解构主义在他那儿，才是一门值得认真来听的课程。

又据我所知，解构主义在有的人士那儿，仿佛是一把邪恶有力的锤。举凡人类社会普适的德律，在其锤下一概粉碎，于是痛快。于是以其痛快，使学子痛快。但恰恰相反，丑陋邪恶在这样的人士那儿却是不进行解构的。因为人类的社会，在他看来，仅剩下了丑陋邪恶那么一点点"绝对真实"，而解构主义不解构"绝对真实"，只解构"一概的虚伪"。

我以为虚伪肯定是举不胜举的，也当然是令我们嫌恶的。但若世界的真相成了这么一种情况——在"绝对的真实"和"一概的虚伪"之间，屹立着那么几个"东方不败"的坚定不移的解构主义者的话，岂不是太不客观了吗？

当下传媒，竭尽插科打诨之能事，以媚大众，以愚大众。仿佛此种公器之功用，乃传媒之第一功用似的。于是，据我所知，"花边绯闻"之炒作技巧，也堂而皇之地成了大学新闻课的内容。

报这一种传媒载体，出现在人类社会少说已有三百年历史；广播已有百余年历史；电视的出现已近半个世纪了——一个事实乃是，人类近二三百年的文明步伐，是数千年文明进程中最快速的；而另一个事实乃是，传媒对于这一种快速迈进的文明步伐，起到过和依然起着功不可没的推动作用。故以上传媒既为社会公器，其对社会时事公开、公正、及时的报道功用以及监督和评论责任；其恢复历史事件真相的功用以及通过那些事件引发警世思考的使命，当是大学新闻专业不应避而不谈的课程。至于其娱乐公众的功用，虽然与其始俱，但只不过是其兼有的一种功用，并不是它的主要功用。而"花边绯闻"之炒作技巧，不在大学课堂上津津乐道，对于新闻专业的学子们也未必便是什么学业损失。因为那等技巧，真好学的人，在大学校门以外反而比在大学里学会得还快，还全面。在大学课堂上津津乐道，即使不是取悦学子，也分明是本末倒置。传媒专业与人文宗旨的关系比文学艺术更加紧密；法乎其上，仅得其中；法乎其中，仅得其下；若法乎其下，得什么也就可想而知了。播龙种而收获跳蚤，自然是悲哀的。但若有意无意地播着蚤卵，日后跳蚤大行其道岂不必然？

大学讲虚无主义，倘老师在台上讲得天花乱坠，满教室学子听得全神贯注—— 一个学期结束了，师生比赛似的以虚无的眼来看世界，以虚无的心来寻思人间，那么就太对不起含辛茹苦地挣钱供子女上大学的父母们了！

大学里讲暴力美学，倘讲来讲去，却没使学子明白—— 暴力就是暴力，无论如何非是具有美感的现象；当文学艺术作为反映客体，为了削减其血腥残忍的程度，才不得不以普遍的人们易于接受的方式进行艺术方法的再处理—— 倘这么简单的道理都讲不明白，那还莫如干脆别讲。

将"暴力美学"讲成"暴力之美"，并似乎还要从"学问"的高度来培养专门欣赏"暴力之美"的眼和心，我以为其几近于是罪恶的事。

大学里讲文学作品中人物的心理复杂性，比如讲《巴黎圣母院》中的福娄洛神父吧——倘讲来讲去，结论都是福娄洛的行径只不过是做了这世界上所有男人都想做的事而又没做成，仿佛他的"不幸"比艾丝美达拉之不幸更值得后世同情，那么雨果地下有灵的话，他该对我们现代人作何感想呢？而世界上的男人，并非个个都像福娄洛吧？同样是雨果的作品，《悲惨世界》中的米里哀主教和冉·阿让，不就是和福娄洛不一样的另一种男人吗？

大学是一种永远的悖论。

因为在大学里，质疑是最应该被允许的。但同时也不能忘记，肯定同样是大学之所以受到尊敬的学府特征。人类数千年文明进程所积累的宝贵知识和宝贵思想，首先是在大学里经历肯定、否定、否定之否定，于是再次被肯定的过程。但是如果人类的知识和思想，在大学里否定的比肯定的更多，颠覆的比继承的更多，贬低的比提升的更多，使人越学越迷惘的比使人学了才明白点儿的更多，颓废有理、自私自利有理、不择手段有理的比稳定的价值观念和普适的人文准则更多，那么人类还办大学干什么呢？

以我的眼看大学，我看到的情况似乎是——稳定的价值观念和普适的人文准则若有若无。

但是我又认为，据此点而责怪大学本身以及从教者们，那是极不公正的。因为某些做人的基本道理，乃是在人的学龄前阶段就该由家长、家庭和人文化背景之正面影响来通力合作已完成的。要求大学来补上非属大学的教育义务是荒唐的。我以上所举的例子毕竟是极个别的例子，为的是强调这样一种感想，即大学所面对的为数不少的学子，他们在进入大学之前所受的普适而又必需的人文教育的关怀是有缺陷的，因而大学教育者对自己的学理素养应有更高的人文标准。

我也认为，责怪我们的孩子们在成为大学生以后似乎仍都那么的"自我中心"而又"中心空洞"同样是不够仁慈的。事实上我们的孩子们都太过可怜——他们小小年纪就被逼上了高考之路，又都是独生子女，肩负着家长甚至家族的种种期望和寄托，孤独而又苦闷，压力之大令人心疼。毕业之后择业迷惘，四处碰壁，不但令人心疼而且想帮都帮不上，何忍苛求？

大学也罢，学子也罢，大学从教者也罢，其实都共同面对着一个各种社会矛盾、社会问题重叠堆砌的倦怠时代。这一种时代的特征就是——不仅普遍的人们身心疲惫，连时代本身也显出难以隐藏的病状。

那么，对于大学，仅仅传授知识似乎已经不够。为国家计，为学子们长久的人生计，传授知识的同时，也应责无旁贷地培养学子们成为不但知识化了而且坚卓毅忍的人，岂非使命？

那种在大学里用政治思想取代人文思想，以为进行了政治思想灌输就等于充实了下一代人之"中心空洞"的完事大吉的"既定方针"，我觉得是十分堪忧的……

关于情感教育
—— 一堂大学情感教育课的讲稿

一、首先我们强调，本课程所言之"情感"二字，当然的，非仅指爱情现象的那一种情感；也不是包括了亲情和友情关系便全部涵括了的那一种情感。不，不是这样的。我们的课程所关注、研讨、分析和提升的情感，很丰富，很广博。

马克思说："人是一切社会关系的总和。"这"一切社会关系"，包括政治、经济、法律、科技，等等。自然，也包括人类的情感现象。也就是说，倘忽视人类社会的林林总总的情感现象，则"人是一切社会关系的总和"这一句话，是不能成立的。起码是有严重缺陷的概括。或换一种说法，人和社会和他人的一切社会关系，最终必然会呈现于人的情感方面。

二、谁教育谁？

师生共同接受教育。

师生相互教育。

我们共同地、自觉地自己教育自己。并且，将这一种自我教育，首先当成对自身有益的精神保健。

课堂上学生踊跃发言

那么，究竟谁是教师呢？一言以蔽之——文化。古今中外人类文明发展至今的文化遗产中，蕴含着极为丰富的解读人类情感现象的正面的和反面的记录，都可作为我们的教材。

我要再强调一点，情感教育这一门课程，不是和我们的中文专业无关的课程，也不是中文专业的辅助课程，而是和我们的中文专业密不可分的课程。简直可以这样说，忽略人类情感现象的研究、分析、了解，中文其实已不再是中文，人类的一切文艺的文化的现象，便全都没有了文艺的和文化的精神可言。比如毕加索——如果我们不研究、不了解他和他一生所从事的绘画艺术之间的深刻的情感关系，不了解他和他所处的时代的情感关系，则我们就无法理解他的某些画。

当然，人类的全部文艺的文化的发展过程，是一个不断扬弃的过程。即使我们教学的是中文，中文和我们的关系，也远不及社会和我们的关系那么紧密。

故我们的眼，我们的耳，我们的心，不能只去看、听和想从前的人事，文艺中的人事，文化中的人事，更要关注现实。我们必然要立足于今天审视文化，也必然要借助文化来解析现实。

我们的情感教育所涉及情感现象较多，比如情调、情绪、情结、情愫、情操、情怀……

依我想来，情调是后天的，易变的；往往与时尚有关，甚至是某阶段比较刻意的、做作的一种表层面的情感现象，每每具有欺人性和自欺骗性，却又往往是宁愿的，愉悦的。

而情绪，则是一种司空见惯的情感的冲动表现。每一个人都常有这样的情况，企图掩饰是一件极难之事。比之于情调，它是情感的真实流露。不一定可取，但肯定真实。一般情况下，它是一种应该予以宽容的情感表现，但同时，又是一种需要克制的情感表现。

情结乃是情感长期堆积于心而形成的意识块垒。通常并无大害，只不过使人一相情愿地一往情深，但也可能导致人的情感偏执，于是远离了客观和真实。

情愫是可持续的、相对稳定的情感现象，每以相对稳定的价值取向为其基础。

情操乃是在情愫的基础之上升华了的一种情感现象。这一词汇的表意是决然正面的。它所体现的情感之质，高于人类所普适的情感之质。它并非人人都具有的一种情感现象。正因为如此，一个有情操可言的人，几乎必有良好的信仰和操守，于是可敬。

情怀是一种超越一般情感本能的，受理性引导而又与理性水乳相融的情感现象。世上没有一个人是没有什么情操可言而居然有情怀的；世上也没有一个人是有情怀的而居然毫无操守。

情怀乃是一种大情感，使人具有不寻常的情感之境界。这使有情怀的人有时有点儿像宗教徒。他们的信仰不一定与宗教有关，但肯定和人类情感的崇高方面有关。

最基本的情怀是人道主义以及对公平和正义的超一己利益关系的主张。

真正的公仆人物理应是对国家、对民族、对公众有着责任性质的真挚情怀的人。

国家和民族若有许多这样的人，幸也。

以上种种情感现象，都必然地生发于人的心里，亦作用于人的心，于是决定人的心理的明暗，于是体现为林林总总的言行：

高尚、无私、爱、同情、宽容、感激、理解……

或相反：恨、妒、歧视、轻蔑、嫌恶、恐惧、自私自利……

而有时，情怀以相反的状态所表现的恰恰是它的优秀之质。

比如，对于不道德的、丑陋邪狞的人事所表现出的轻蔑和嫌恶，拒绝同流合污也。

诸位，我们每一个人，不分性别、年龄、职业、社会地位和贫富，几天内，至少有一次会受到以上正反两个方面的情感所影响。

我们的人性是有先天弱点和缺点的。

我们不必修行为圣人。

但我们若不互相进行情感的教育，若不师从于人类文化中的文明，我们则有可能渐渐成为邪劣之辈、丑陋之人，而我们却还不自知。

仅仅具有本能情感的人是没有进化的人。因为本能的情感，那是动物也有的。甚至，连动物身上，也偶尔表现出有超本能的情感。

诸位，没有以文化方式所进行的教育，人类的历史将停止在奴隶社会，而那时的人类是凶恶的。

比地球上的任何一种动物都凶恶。

关于好人、坏人

同学们：

前周课上，我们也讨论到了这一话题。下面我谈谈我的看法。讨论是由易中天先生的一段话引起的，我先将他的话抄在黑板上：

"我们中国的道德评价有个很坏的东西，就是一定要把人分成好人与坏人、善与恶。其实君子与小人，都处在中间地带。两端是什么呢？是圣人，圣人的等级比君子高。最低的那一端，是恶人。大量的是中间地带的普通人、寻常人。"

有一位解正中先生，在《书屋》杂志发表文章，指出易中天先生的话是自相矛盾的——圣人即好人中最好的人，恶人即坏人中最坏的人，这应该是没有什么歧义的。认为有圣人和恶人存在，却不承认有好人与坏人之分，于是不能自圆其说。

我们读了解正中先生的文章的主要段落。首先我要称赞，他的文章文风很好。尽管是反驳文章，但并不尖酸刻薄、咄咄逼人，反而态度温良，词句厚道谦和，所谓"君子文风"是也。这一点，不但我要学习，同学们也要学习。抓住一点，不计其余，极尽羞辱攻讦之能事，仿佛只有这样才算高明，此等文风大不可取。切记！

解文进一步认为——好坏善良之分，这一种对人的评价，外国也是如此的，不唯中国文化仅有，因而可以说是普世的。如果说这样的评价区分是"很坏"的，那么就等于说全世界的文化在此点上都"很坏"了。

和学生们合影

解文以上的两个观点，我是完全同意的。

按照易中天先生的分法，我和同学们，都是处于中间地带的人，即普通人、寻常人。如果在我们看来，两端的人其实无所谓好坏，圣人非好，恶人不坏，那我们大多数人，还配叫做人吗？易先生所谓的君子和圣人，还值得为一个好坏善恶不分的人类社会而君子而圣人吗？

如此说来，易中天先生岂不是说了段该遭到千夫所指的话了吗？我觉得，也不是的。

如果我们不仅仅是从字面上，而是从本意上去理解易先生的话，那么我认为他的话是有一定道理的。

我理解的他的话的本意应该是——历史中和现实生活中有不少的人，是难以简单地以好坏善恶来分类的。而在文学、戏剧、电影中的某些人物，尤其难以简单地以好坏善恶来区分。

比如曹操，他在判断力混乱的情况之下，误杀了吕奢的家人；还一不做二不休，连沽酒归来的吕奢老汉也杀了。这是很罪过的行径，但又不能简单地便认定曹操是一个坏人、恶人，因为他的杀念，委实并非起于他内心里一贯的"坏"。同样是这一个曹操，大军进发，马踏禾田时，他不是也体恤到了农民的辛苦，命将士绕路而行吗？

《红与黑》中的于连，好人乎？坏人乎？

《九三年》中的郎德纳克，法国大革命时期保王党阵营的统帅，一个"有着利嘴和爪子"的人物。他镇压起革命者及其家属来，冷酷如杀人机器，但是，他却又不顾个人安危，重返埋伏圈内，为的是救三个被困在火屋中的流浪孩子，结果被公社的联军士兵们俘虏……

他是好人呢，还是坏人呢？

公社的联军司令官叫郭文，他认为他不能下令枪决一个刚刚救了三个流浪儿的命的人，尽管对方是公社的头号死敌。他放走了郎德纳克，结果自己被公社的军事法庭判处死刑……

他的做法是对呢，还是错呢？

看，我们有时不但难以简单地用好坏善恶来将人归类，而且连他们的行为的对错都难下结论了。

易中天先生的话，还启发我们进一步思考以下几点：

一、人的一生是一个几十年的过程，因而每一个人都是一个极大可能变化的个体。穷的有可能变富，富的有可能变穷，普通的有可能变得不普通，不普通的有可能变得普通；同样，曾经的好人有可能因一念之差而犯了十恶不赦的罪行；曾经的坏人忽人性转变，放下屠刀立地成佛的例子也不少。

所以中国有一句话是"盖棺定论"。

而这一句话恰恰证明，在对人做道德评价这方面，中国文化中有很好的东西。

故连陶渊明都叹："千秋万岁后，谁知荣与辱。"

意思是，虽棺已盖，却还无定论。

二、人类以往的历史，风云动魄，铁血惊心的时候多，中国的历史，尤其如此。至20世纪80年代前，几无好年头。在那一种情况之下，霸业的、家国的、阶级的、政治集团的、个人追求与主张的林林总总的外因往往推动、影响乃至迫使人做出这样那样非主观意愿的抉择，因而若简单地以好坏善恶来将人归类，便很容易犯低级的错误。比如从前的中国，将人分为"红五类"和"黑五类"，便是很坏的做法。而"黑五类"中，便有"坏分子"一类。"文革"后绝大多数获得平反，原来他们即使算不上是好人，也根本不是什么坏人。

三、时代毕竟不同了。

但正因为时代不同了，好人坏人也更容易区分了。一个良好的时代，绝不是一个不分好人坏人的时代，而是一个对坏人的界定更严格的时代。比如在从前的中国，一个人若被判了刑，那么从那一天始，便无疑是一个坏人了。现在我们还这样认为自然就不对了。因为一个人被判了刑，只证明他犯了法，他仍还有悔过自新的机会。

但恶人确乎还是存在的，比如解正文在文中所举的那类人——土匪、海盗、毒枭、黑恶势力头子、流氓团伙打手、谋财害命者、杀人放火者等，即使他们也有悔过自新的可能，但在此之前，视其为坏人，绝不等于是中了中国文化中"很坏的东西"的毒……

但是比较一下中西文化，也确有这么一种现象，即西方人一般很少直接用"坏"这个字来评价人。对于西方人，更经常的说法是：

"那家伙是人渣。"

"那人是伪君子。"

"凶恶透顶。"

"危险。"

"一个需要提防的人。"

"一个仇恨社会的人。"

"一个不惜用别人的生命换一听饮料来饮的人。"……

和著名作家毕淑敏、中国妇女出版社编辑李白莎合影

他们为什么很少直接用"坏"这个字呢？

表意思维的习惯区别而已。

"坏"是不具体的，因而不明确。仿佛把话说到家了，听来却等于什么也没说。

通常情况之下，西方人的表意习惯更求明确性，如此而已。

故绝不可理解成，西方的社会是一个没有好人坏人之分的社会。

那样的一个国家，古往今来，在世界上是不曾有过的……

关于真理与道理

各位同学：

前周课上，我们读了《书屋》的两篇文章。关于真理与道理，两篇文章观点相反。其一认为，真理之理才更真，因为绝大部分所谓真理是相对于自然科学而言，如$1+1＝2$，水+摄氏100度=沸腾；我们还可以为其补充很多例子，如三角形两边之和大于第三边，如两点之间最短的线是直线……而人世间的道理，因带有显然的主观色彩，对错便莫衷一是，甚至往往极具欺骗性。与之相反的观点则认为，人世间的许多道理，虽然不能以科学的方法证明其对错，但却可以从人性的原则予以判断，比如救死扶伤，比如舍己为人，比如知恩图报；古往今来，人同此心，心同此理，遂成普世之理。这样的一些道理，早已成为共识，根本无须再经科学证明，自然也不具有欺骗性；倒是所谓真理，往往被形形色色的权威人物长期把持着解说权，逐渐沦为愚弄大众的舆论工具，正因为前边冠以"真"字，本质上却又是荒谬的，所以比普世道理具有更大的欺骗性。

同学们也就以上两种相反的观点纷纷表达了自己的看法，也同样莫衷一是。

下面我谈谈我的一些看法，算是参与讨论，仅供大家参考。

一、据我所知，"真理"一词，对于我们中国人，其实是舶来词。原词当出于宗教，指无须怀疑的要义，最初指上帝本人对人类的教诲。

二、真理一词后来被泛用了。对于人类，某些自然科学方面的认识成果，也是无须怀疑的，而且无须再证明。于是这些认识成果，同样被说成是"科学真理"。

三、求真是人类的天性，怀疑也是人类的天性。人类社会的秩序，需要靠某些共识来维系。共识就是大家所认为是对的，反之为不对的。所谓普世价值观、普世原则，其实也就是这样一些道理而已。普世并非百分百的意思，而是绝大多数的意思。使百分百的人类接受同一道理是根本不可能的。但有些道理，显然是接受的人越多越好。怎么才能使更多的人虔诚接受而不怀疑呢？除了将某些道理视为真理，似乎也再没有更好的方法。这便是"真理"一词从宗教中被借用到俗世中的目的。

四、但是现在，情况发生了变化，那就是——即使在自然科学界，"真理"一词也不常被使用了。因为，人类已经取得的认知自然世界的成果，其实用自然世界的真相来表述，显然比"真理"更为确切。何况，许多真相仍在被进一步探究，探究的动力依然是怀疑。而所谓"真理"，是不允许怀疑的。而不允许怀疑，是不符合科学精神的。

五、在一切社会学话题之中，"真理"一词更是极少被用到了。因为在人类社会中，某些普世的价值观念、普世的原则，历经文化的一再强调，已经被主流认可，人文地位相当稳定，进一步成了不可颠覆的共识。既然如此，那样一些道理，又何须偏要被说成是什么"真理"呢？比如人道主义。

六、当代人慎用"真理"一词，将从宗教中借用的这一词汇，又奉还给了宗教，意味着当代人对于自然科学界的"真"和社会现象中的"理"，持更加成熟也更加明智的态度了。科学真相比之于科学真理，表意更准确；普世共识比之于人间真理，说法也更恰如其分。今天，"真理"一词除了仍存在于宗教之中，再就是还存在于古典哲学中了。可以这样讲，真理和道理，哪一种理的真更多一些、骗更少一些——此争论，除了公开发生在两位中国知识分子之间，在别国知识分子之间，是不太会发生的。

七、那么，是否意味着两位中国知识分子闲极无聊，钻牛角尖呢？我觉得也不能这么认为。事实上我相当理解他们——在从前的中国，有太多的歪理，以"大道理"的强势话语资格，甚至干脆以"真理"的话语资格，堂而皇之地大行其道，不允许人们心存任何一点儿怀疑，要求人们必须绝对信奉。这一种过去时的现象，给两位中国当今的知识分子留下了太深的印象。那印象也许是直接的，也许是间接的。他们都试图以自己的文章，对今人做他们认为必要的提醒。我从中看出了两位中国知识分子的良苦用心。

八、我进而认为，表面看起来，他们的观点是那么对立，其实又是那么一致。一言真理才真，道理易有欺骗性；一言道理普世，于是为真，"真理"往往披着真的袈裟，却实属荒唐，怎么说又是"那么的一致"呢？

在从前的中国，歪理有时以"真理"的面目横行，有时也以"道理"的说教惑人。故一人鄙视那样的"真理"，一人嫌恶那样的"道理"，所鄙视的、所嫌恶的，其实都是实质上的歪理。

所以我说他们又是那么的一致。

究竟歪理伪装成真理的时候多，还是伪装成道理的时候多，这倒没有多大争执的必要了……

纸篓该由谁倒空

——大学生思想道德新观察

一只纸篓——在教室门口，也在讲台边上，满的。我在讲台上稍一侧身，就会看见它。它一直在那儿，也应该就在那儿。

通常总是满的。插着吸管的饮料盒，抑或瓶子，还有诸种零食袋、面包纸、团状的废纸，往往使它像一座异峰突起的山头。

教室门口没有一只纸篓如同家门口连一双拖鞋都没有，是不周到的；教室门口有一只满得不能再满的纸篓如同家门口有一双脏得不能再脏的拖鞋，是使人感觉上很不舒服的。

我每次走入教室，心里总是犯寻思。我想，似乎有必要对它满到那般程度做出反应。或言，或行。

"哪位同学去把纸篓倒一下啊？"

此言也。

我确信只要我这么说了，立刻便会有人去做。

自己默默去倒空纸篓。

此行也。有点儿以身作则的意思。

我想行比言更可取。于是我"作则"了两次，第三次还打算那么去做的，有一名同学替我去做了。

他回到教室后对我说："老师，有校工应该做这件事，下次告诉她就行。"

将纸篓倒空，来回一分钟几十步路的事。教学楼外就有垃圾筒。女校工我认识，每见她很勤劳地打扫卫生，挺有责任感的。而且，我们相互尊敬，关系友好。我的课时排在上午三、四节。而她早晨肯定已将所有教室里的纸篓全都倒空过，只是上一、二节课的学生使纸篓又满了。无论是我去告诉她，还是某一名同学去告诉她，她都会前来做她分内的事。但我又一想，她可能会认为那是对她工作的一种变相的批评。使一个本已敬业的人觉得别人对自己的工作尚有意见，这我不忍。

我反问："有那种必要吗？"

立刻有同学回答："有。"见我洗耳恭听，又说："如果我们总是替她做，她自己的工作责任心不是会慢慢松懈了吗？"

我不得不暗自承认，这话是有一定的思想方法性质的道理的，尽管不那么符合我的思想方法。

我又反问："是不是有一条纪律规定，不允许带着吃的东西进入教室啊？"

答曰："有。但那一只纸篓摆在那儿不是就成了多余之物，失去实际的意义了吗？"

于是第三种看法产生了："其实那一条纪律也应该改变一下，改成允许带着吃的东西进入教室，但不允许在老师开始讲课的时候还继续吃。"

"对，这样的纪律更人性化，对学生具有体恤心。"

于是，话题引申开来了。显然已经转到对学校纪律的质疑方面了。内容一变，性质亦变。

我说："那不可能。大约任何一所大学的纪律，都不会明文规定那一种允许。"

辩曰："理解。那么就只明文规定不允许在老师讲课的时候吃东西。将允许带着吃的东西在课前吃的意思，暗含其中。"

我不禁笑了："这不就等于是一条故意留下空子可钻的纪律了吗？"

辩曰："老师，如果不是因为课业太多太杂，课时排得太满，谁愿意匆匆带点儿吃的东西就来上课呢？"

于是，话题又进一步引申开来了。内容又变了，性质亦又变了。而且，似乎变得具有超乎寻常的严肃性，甚至是企图颠覆什么的意味了。

当然，我和学生们关于一只纸篓的谈话，也只不过是课前的闲聊而已。

但那一只纸篓以后却不再是满的了，我至今不知是谁每次课前都去把它倒空了。

由此我想，世上之事，原本是"横看成岭侧成峰，远近高低各不同"的。这乃是世事的本体，或曰总象。缺少了这一种或那一种看法，就是不全面的看法。有时表面上看法特别一致，然而不同的看法仍必然存在。有时某些人所要表达的仅仅是看法而已，并不实际上真要反对什么，坚持什么。更多的时候，不少人会放弃自己的看法，默认大多数人的任何一种看法，丝毫也没有放弃的不快，只要那件事并不关乎什么重大原则和立场——比如一只纸篓究竟该由谁去把它倒空。这样的事在我们的生活中比比皆是，每一个人都可以随自己的意愿选择一种做法。只要心平气和地倾听，我们还会听到不少对我们自己的思想方法大有裨益的观点。那些观点与我们自己一贯对世事的看法也许对立，却正可教育我们—— 一个和谐的社会，首先应是一个包容对世事的多元看法合理存在的社会。不包容，则遑论多元，不多元，则遑论和谐。

在我所亲历的从前的那些时代，即使是纸篓该由谁来倒空这样一件事，即使不是在大学里，而是在中小学里，也是几乎只允许一种看法存在的。可想而知，那是一种被确定为唯一正确的看法。另外的诸种看法，要么不正确，要么错误，要么极其错误，要么简直是异端邪说，必须遭到严厉批判。比如从纸篓该由谁倒的问题，居然引申到希望改变一条大学纪律，并且因而抱怨学业压力的言论，即是。久而久之，人们的思想方法被普遍同化了，也就普遍趋于简单化了。仿佛都渐渐地习惯于束缚在这样的一种思维定式中，即人对世事的看法只能有一种是正确的，或接近正确的。与之相反，便是不正确的，甚或是极其错误的。如此一来，既不符合世事的总象，也将另外诸种同样正确的看法，划到"唯一正确"的对立面去了。其实，人对世事的看法，不但确乎有五花八门的错误，连正确也是多种多样的。正因为有人对世事的五花八门的错误的看法存在，才有人对世事的多种多样的正确的看法形成。世人对世事所公认的那一种正确的看法，历来都是诸种正确的看法的综合。这个世界上从来没有谁能够独自对某件事—— 哪怕是一件世人无不亲历之事，比如爱情吧——形成过完全正确的看法。

学中文有什么用

诸位：

在回答你们的问题之前，我也希望能对你们有所了解。

你们中，有哪些同学是中文系的？

有哪些同学当年高考时所报第一志愿是中文系？

所报第一志愿并非中文系，既已是中文系学生，对用四年的时光在大学里学中文，又持何种态度？

原本未报中文系调配到中文系的同学，对中文又持何种态度？

我们大学的"人文学院"由两个学科组成，即汉语言专业与中文系。汉语言专业是我校在全国较为著名的专业，每年的录取分数线一向颇高，据说前几年学生毕业后的择业情况也不错——那么，汉语言专业的同学，对中文选修课持何种态度？

原本专执一念所报的乃是汉语言专业，高考失利，不得已成了中文系学生，且与汉语言专业相近咫尺，是否会长期陷于"身在曹营心在汉"的状态？

外语专业对中文选修课业持何种立场？

大家对"中文"是怎样理解的？它除了培养人从事与中文相关的职业的一般能力，你们是否认为它对人还有其他的意义？大家比较承认它对人还有其他的意义，抑或从理念上根本否认和排斥它对人还有其他的意义？或口头上虽也承认它对人还有其他的意义，而内心里却是鄙薄的？

为学生校刊题词

凡此种种，我以为，在中文系老师和学生之间，具体而言，在我和大家之间，都是有必要进行交流和讨论的。我们教学双方所能达到的共识越多，则越容易互动，于是教者明白该教些什么，怎样教；学者明白为什么值得学，怎样自觉一点学……

在我回答诸位的问题之前，我反过来首先向诸位提出了如上等等问题，肯定都是大家没有思想准备的吧？大家一时无法回答或其实很不愿意回答也没什么。那么，恳请诸位允许我自己先来谈谈我对以上某些问题的纯粹个人的看法，以及我对于大家的中文态度和立场的初步评估。

对于当年高考时所报志愿是中文系的同学，我相信我将省却很多唇舌，不必反复强调性地企图讲明白一个陈旧话题——中文有什么用？这"用"字，当然是首先针对个人而言的。它不是针对国家、民族、社会这样的大概念而言的。它对后者意味着什么，那是根本无须浪费时间讨论的。其意义摆放在任何国家、任何民族与之母语的关系中，那都是连儿童也完全能理解的。

我们在谈论中文和中国当代大学生，尤其是与当代中文系大学生的关系时，为什么又说那个"有什么用"的话题是一个"陈旧的话题"呢？因为早在80多年以前，国立清华学校，亦即今天的清华大学校园里，关于"学中文有什么用"就已展开过多次的讨论和辩论了。

说明什么呢？

说明在那时，普遍的人们，包括学子们，包括已然学着中文的学子们，对于学中文与自己之人生前途的关系，便很有些"欲说还休"了。

当时的中国和今天的中国，情形自然不能同日而语。但有一点却是相似的——出国留学特别方便，比今天还要方便，而且成为时代的潮流。

当时的热门学科像今天一样，也是商业经济、法律、医学以及某些理工学科。这些学科学有所成之后，就业国外的机遇较多，回国后，往往也容易摇身一变，成为经理、镀了"洋金"的律师、医生，或开办工厂或几乎是顺理成章地成为教授——当时的中国很缺理工科教授……

而学了中文的人，职业的选择几乎只有两种途径——要么留洋回来做教中文的教授；要么去办份同人的文学报刊，或干脆做以笔耕为生的自由职业者。

这最后一种人生，无论当时或现在，无论在任何国家、任何时代，都往往会导致陷入艰涩的人生，是绝不如做演员的人生那么风光和滋润的。而办报办刊，没了广告的支持，连低微的收入也往往朝不保夕。尤其是某报某刊倘太过的文学和文化起来，又往往就接近着慢性自杀了。而文人们，也就是学中文被认为学而有成的人们，又大抵地，偏偏地，几乎是一贯地、本能地，非将一报一刊渐渐办得文学和文化起来不可。结果也就可想而知。当然，幸而有他们那样心甘情愿地办着那样的报那样的刊，许许多多热爱文学的青年，才经由那样的报那样的刊的发现和培养，后来成了著名的诗人和作家，才为我们留下了那个时期的许多优秀作品。但他们自己的人生，确乎是清苦的。清苦到不得不经常以文艺的"界"的名义，向社会发出请求救济的呼吁。至于当教授，最初的收入是很丰厚的，比现在一般大学教授们所能达到的社会经济地位还要高出许多倍。那时大学少，教授少，国运不昌，却也还是养得起。可能凭"中文"资本当上教授者，毕竟凤毛麟角。何况，后来也都很落魄，"越教越瘦"了；相互间借点儿钱买米度日，是常事……

所以当年便有"学中文有什么用"的质疑。

已然教着中文学着中文的，自然希望在讨论之中长长自己的志气，指出那"有用"的方面给社会看，给他人看，给自己看。

讨论和辩论出了一个乐观的结果没有呢？

当时没有。

而且，除了教着中文学着中文的人们自己，别人也根本没什么兴趣参加那个话题的讨论。

一九四九年以后，情况大为不同。

新政权在发展经济建设的同时，也大力发展文化事业。文化的事业，自然要依赖"中文"人才。于是，"中文"一下子便变得很"吃香"了。

直至"文革"前，"中文"学子毕业后的工作，大抵是"坐在屋里"的那一种。当年因"风吹不着、雨淋不着、日晒不着"，多么令人羡慕自不待言。尤其，各行各业的工资是相同的。在工资相同的前提之下，中文毕业生从事"脑力劳动"的工作性质，其优人一等一比就比出来了。

"文革"十年就不去谈了。

"文革"后，中国人的工资还是基本相同的。"文革"的重灾区即文化的意识形态的领域，开始进入恢复期，需要大批的中文毕业生。那时的中文学子，和现在各大学的最热门学科的学子一样，往往还没毕业，其优秀者，便已被最理想的文化乃至意识形态部门预招了。

到了九十年代中期，情况又大为不同了。中文毕业生过剩了，供大于求了。中国其他产业、行业开始日渐兴盛了。于是大学里的其他学科日渐热了起来，强大了起来。而中文受冷落了，萎缩了。中文学子因而一届比一届迷惘了、沮丧了，似连将来的人生都成大问题了。

尤其，中国的工资制度改变了。几乎一切与中文相关的职业，收入都处于社会的中下水平了。如果仅从这一点上比，自然越比越迷惘、越失望。"中文股"在社会职业股市的大盘上，似乎注定地将永远处于"熊市"了，眼见其他"职业股"指数一再上升，中文学子们又怎能不自卑不忧患呢？

但我想指出的是——第一，中国人口太众，仅仅是中文学子供大于求吗？我看不是这样。要不了几年，几乎一切大学各学科的学子们，都将日渐地供大于求。只不过中文学子们较早一点儿体会到供大于求的苦涩罢了。第二，既然几乎一切学科的学子们进出校园，都将面临供大于求的局面，那么，也就都必得有充分的"知识附加"和"知本转移"的自觉和能力。

不必问，我知道诸位中，将来想到外企工作的人很多。为什么一心想到外企？工资高嘛。在未来的几年，尤其是北京上海这样的大城市，外企将会更多。但外企再多，也多不过想要到外企工作的学子。一方以加法增多，一方以乘法增多。于是一个事实是，除了少数高等人才，普遍的外企的工资，都是下降了的。谁嫌工资少了吗？那么让开，后边还排着长队呢！

二十年前，仅凭外语好，便是进入外企的通行证了。因为外国老板们不会中国话，对中国缺乏了解。会外语的中国人，在他们眼中就是块宝。许多事儿他们都有点儿倚重于你，似乎离开你便会寸步难行。

十年前，仅凭外语好依然可以。但人家已不必倚重于你，你只不过是一般员工。你稍有不适，炒你的鱿鱼没商量。

现在，仅凭外语好，已不能成为进入外企的过硬的通行证了。因为外语已不再是少数受过高等教育的中国人的特长，而是许许多多中国大学毕业生的基本从业条件了。而某些老外，中国话也讲得很"溜"，对中国之风土民俗，人情世理，政治文化经济的方方面面，比刚跨出校门的中国大学生心中有数得多。

所以，一个问题是——你要到外企去工作吗？那么，你的英文水平，就要加上另外的什么了。

对于你，英文+？

你首先要自问；接着要决定；再接着要去那样充实你自己。

这就是"知识附加"的思想自觉。在大学里就要开始。

对于中文学子，问题也是同样的，而且尤为重要——中文+？

自然的，可以加上英语。这不太难。

但一个现象是，对于某些中文学子，在这个问题上所持的反而是一种"取代法"的思维。既因学着中文而迷惘，而沮丧，自然的便企图干脆舍弃了中文，以英文作为硬性从业资本取代之。而这在未来的求职竞争中，是相当不利的，甚至是相当有害的。

为了诸位的未来所谋，我对诸位的建议是——你们万不可以用"取代法"对待自己的中文学业。取而代之，只不过仍是1≈1。你们一定要有用加法打理自己未来人生的能动意识。

中文+英文——这对于诸位不难。于是你们丰厚了自己一些。仅仅这样还不够，还要有另外一种能动意识，即从最广的意义上理解中文的超前意识。说超前，其实已不超前了。因为时代的迅猛发展，早已先于诸位的意识，将从前时代的、传统的中文理念扩展了，甚至可以说颠覆了。

只要我们客观地想一想，就一定会承认——其实中文学科毕业之学子的择业范围，比以往的时代不是更窄了，而是更宽了。对国内国外的公共关系；广告设计；一个企业的宣传策划活动；一个企业的文化环境；一切的文化公司……都仍为中文学子留有发挥能力的空间。即使电台、电视台，表面看已人满为患，但据我所知，其实很缺有真能力的中文人才。

比如，你到了一个公司，人家为了试用你，对你说——请为我们的新产品想出一条绝妙的广告语吧！

你若回答——我学中文不是为了干这个的。

那么请你走人。因为能否想出一条绝妙的广告语，有时确乎直接证明的就是一种中文水平，连给一家公司起个朗朗上口的名字也是这样。

我有两位德国朋友，一男一女。男的中文名字叫"花久志"；女的中文名字叫"古思亭"。其实就是德文名字"华裘士"和"古斯汀"的谐音中文名。尤其"古思亭"这一中文名字，起得何等的好！能说和中文水平无关？

假设——一部外国电影，或一部外国电视剧，你能起出《翠堤春晓》、《魂断蓝桥》、《蝴蝶梦》这样的名字吗？中国曾是一个诗国，你想不出来，你学的那些唐诗宋词，在最起码的事情上，都没起什么作用啊！

又比如，你到了一个公司，人家要你为公司的什么纪念活动，设想会标——

你若说，我不会，这不是我学的专业，这是广告设计专业的事儿……

那么请你走人。在人家那儿，这叫"创意"。在人家那儿，这类"创意"，直接就和中文有关，直接就能证明你的中文水平如何。事实上也是，体现于许多方面的许多一流的经典的"创意"，都与一个人的"活的"中文水平有关。

就说我们中国为申办二零零八年北京奥运会设计的会标吧，没有一种"活的"中文思维，是设计不成的。

不是中文过时了，没用了，是人再像从前那样理解中文，学了中文再抱着从前那样的中文就业观去择业的传统思想，与社会和时代不合拍了。而社会和时代，对于具有"活的"中文水平的人，那还是大大的需要的。

在未来的时代，不但中文学科毕业的人要随时准备进行人生的成功的"知本"转移，其他学科毕业的人，也将不同程度地面临"知本"转移的社会和时代的考验。

在"知本"转移方面，我以为，中文学科毕业的人，其实反而更具有主动优势，能动性、灵活性较之其他学科毕业的人也更大些。

"知本"二字，是我从报上学的词，无非就是从业的知识资本，这里姑且用之。

据我所知，一些理工院校毕业的当代学子，反而在电台、电视台和文化企事业单位工作得很自信，这都是"知本"转移的例子。

据我们所知，法国现在唯一的，也是现在全世界唯一的一位海军女中将，便是法国二十世纪七十年代的文学硕士。

如果让医学院牙科专业的学子毕业后来一次成功的"知本"转移，倘无其他骄人特长，意味着什么不言自明。

但，如果电视台公开招聘节目策划人，中文学子应聘时的表现，不应太逊于广播学院毕业的学生吧？这二者之间真的有什么大区别吗？从前是有的。如果人家的专业又加上了较好的中文从业水平，当然表现就比你好。如果你的中文水平高于对方，再附加上和对方差不多水平的电视节目创意能力，那就说不定你比对方的表现好了。实际工作中谁更是强者，那就得让考察者拭目以待了。如果你的中文不是很有水平，不是在"活的"中文能力方面较强，而是很

"水"，甚至那一种能力被你在大学时期便舍弃了，而用仅仅的英语能力"取代"了，结果以后不能从容面对"知本"转移的考验，那就怨不得别人，也怪不得中文了……

当然，大学里中文本身的教学，也存在着一个"活"起来、内容丰富起来、较紧密地结合社会和时代对中文之新要求的问题。

在今天，大学的中文教学，如果因了时代和社会要求的压力，忙不迭地去迎合之，以直接的从业能力取代中文传统教学内容，未免太急功近利了，那是很不对的做法。那样，大学之中文系，就成了"培训班"了。

但，倘大学的中文教学，只一味承袭从前的传统教学内容而一成不变，在今天，无论怎样说，也应视为对中文学子的不负责任。

总而言之，大学之中文教学，也首先存在一个"中文+？"的问题。

我能告慰同学们的一点，那就是——几乎一切大学的中文系，都在思考、研究和实践着"中文+？"。

这一点，对于一切从事大学中文教学的人来说，也首先是一个"知识附加"的要求。

正如我到了大学里，对自己，必须有一种中文知识系统化、全面化的"附加"要求。

诸位，最后我要说的是——尤其诸位中学着中文的同学，打起精神来！电视剧《西游记》的主题歌唱得好——"敢问路在何方，路在脚下……"

是的，路在我们脚下，路在教者脚下，路在你们脚下，路在学者脚下。

中文学科必须附加传统中文理念以外的什么。

让我们共同来为此努力！……

论中文之中国意义

一

二十几年前，倘有人问我——在中国，对文学以及与之紧密相关的姊妹艺术的恰如其分的鉴赏群体在哪里？

和日本老翻译家合影

我会毫不犹豫地回答：在大学。

但十几年前，我却开始怀疑自己的这一结论了。

尽管那时我被邀到大学里去讲座，受欢迎的程度和二十几年前并无区别。然而我与学子们的对话内容却很是不同了：二十几年前，学子们问我的是文学本身，进而言之是作品本身的问题。我能感觉到他们对于作品本身的兴趣远大于对作者本身。而这是文学的幸运，也是中文教学的幸运。十几年前，他们开始问我文坛的事情——比如文坛上的相互攻讦，辱骂，各种各样的官司，飞短流长以及隐私和绯闻。广泛散布这些是某些传媒的拿手好戏。我与他们能就具体作品交流的话题已然很少。出版业和传媒帮衬着的并往往有作者亲自加盟的炒作在大学里颇获成功。某些学子们读了的，往往便是那些，而我们都清楚，那些并不见得有特别值得一读的价值。仅仅就"看闲书"的"闲情"而言，大抵也是够不上品味的。

现在，倘有人像我十几年前那么认为，虽然我不会与之争辩什么，但我却清楚地知道那不是真相。或反过来说，对文学以及与之紧密相关的姊妹艺术的恰如其分的鉴赏群体，它未必仍在大学里。

那么，它在哪儿呢?

二

对文学以及与之紧密相关的姊妹艺术的恰如其分的鉴赏群体，它当然依旧存在着。正如在世界任何国家一样，在二十一世纪初，在中国，它不在任何一个相对确定的地方。它自身也是没法呈现于任何人面前的。它分散在千人万人中。它的数量已大大地缩小，如使它的分散变成聚拢，乃是一件不容易的事。它是确乎存在的。而且，也许更加的纯粹了。

他们可能是这样一些人——受过高等教育；同时，在社会这一个大熔炉里，受到过人生的冶炼。文化的起码素养加上对人生、对时代的准确悟性，使他们较能够恰如其分地对文学、电影、电视剧、话剧乃至一首歌曲、一幅画或一幅摄影作品，得出确是自己的，非是人云亦云的，非是盲目从众的，又基本符合实际的结论。

当然，他们也可能由于这样那样的原因，根本就没迈入过大学的门槛。那么，他们的鉴赏能力，则几乎便证明着人在文艺方面的自修能力和天赋能力了。

人在文艺方面的鉴赏能力，检验着人的综合能力。

卡特竞选美国总统获胜的当晚，卡特夫人随夫上台演讲。由于激动，她的高跟鞋的后跟扭断了，扑倒在台上。斯时除了中国等少数几个国家（我们的电视机当年还未普及），全世界约十几亿人都在观看那一实况。

卡特夫人站起后，从容地走至麦克风前说："先生们，女士们，我是为你们的竞选热忱而倾倒的。"

能在那时说出那样一句话的女性，肯定是一位具有较高的文艺鉴赏能力的女性。

迄今为止法国历史上唯一的一位海军女中将，当年曾是文学硕士。对于法国海军和对于那一位女中将，这一点也肯定非属偶然。

丘吉尔在二战中的历史作用是举世公认的。他后来还获得了诺贝尔文学奖。细想想，这二者之间的关系也是深刻的。

是的，我固执地认为，对文艺的鉴赏能力，不仅仅是兴趣有无的问题。这一点在每一个人的人生中所能说明的，肯定比"兴趣"二字大得多。它不仅决定着人在自己的社会位置和领域做到了什么地步，而且，还决定人是怎样做的。

三

前不久我所在的大学的同学们，举办了一次"歌唱比赛"——二十七名学生唱了二十七首歌，只有一名才入学的女生唱了一首民歌；其他二十六名学生，唱的皆是流行歌曲，而且，无一例外的是——我为你心口疼你为我伤心那一类。

我对流行歌曲其实早已抛弃偏见。我想指出的仅仅是——这一校园现象告诉了我们什么？

告诉我们——一代新人原来是在多么单一而又单薄的文化背景之下成长的。他们从小学到中学，在那一文化背景之下"自然"成长，也许从来不觉得缺乏什么。他们以相当高的考分进入大学，似乎依然仅仅亲和于那一文化背景。

但，他们身上真的并不缺乏什么吗？

欲使他们明白缺失的究竟是什么，已然非是易事。甚而，也许会使我这样的人令他们嫌恶吧?

到目前为止,我的学生们对我是既尊敬而又真诚的。他们正开始珍惜我和他们的关系。

这使我感到欣慰。

四

大学里汉字书写得好的学生竟是那么的少。

这一普遍现象令我愕异。

在我的选修生中,汉字书写得好的男生多于女生。

身为农村儿女的学生,反而汉字都书写得比较好。他们中有人就写得一手秀丽的字。

这是耐人寻味的。

我的同事告诉我——他甚至极为郑重地要求他的研究生——在电脑打印的毕业论文上,必须将亲笔签名写得像点儿样子。

我特别喜欢我班里的男生——他们能写出在我看来相当好的诗、散文、小品文等。

近十年来,我对大学的考察结果是——理科大学的学生对于文学的兴趣反而比较有真性情。因为他们跨出校门的择业方向是相对明确的,所以他们丰富自身的愿望也显得由衷;师范类大学的学生对文学的兴趣亦然,因为他们毕业后大多数是要做教师的。他们不用别人告诉自己也明白——将来往讲台上一站,知识储备究竟丰厚还是单薄,几堂课讲下来便在学生那儿见分晓了。对文学的兴趣特别勉强,甚而觉得成为中文系学子简直是沮丧之事的学生,反而恰恰在中文系学生中为数不少。又,这么觉得的女生多于男生。

热爱文学的男生在中文系学生中仍大有人在。

但在女生中,往多了说,十之一二而已。是的,往多了说,十之八九,"身在曹营心在汉",学的是中文,爱的却是英文。倘大学里允许自由调系,我不知中文系面临的是怎样的一种局面。倘没有考试的硬性前提,我不知他们有人还进入不进入中文课堂。

五

中文系学子的择业选择应该说还是相当广泛的。但归纳起来，去向最多的四个途径依次是：

留校任教。

做政府机关公务员。

大公司老总文秘。

报刊编辑、记者及电台、电视台工作者。

留校任教仍是中文系学子心向往之的，但竞争越来越激烈，而且，起码要获得硕士学位资格。硕士只是一种起码资格。在竞争中处于弱势，这是中文系学子们内心都清楚的。公务员人生，属于仕途之路。他们对于仕途之路上所需要的旷日持久的耐心和其他重要因素，望而却步。做大公司老总的文秘，仍是某些中文系女生所青睐的职业。但老总们选择的并不仅仅是文才，所以她们中大多数也只有暗自徒唤奈何。能进入电台、电视台工作，她们当然更是求之不得。但非是一般人容易进去的单位，她们对此点也不无自知之明。那么，几乎只剩下了报刊编辑、记者这一种较为可能的选择了。而事实上，那也是最大量地吸纳中文毕业生的业界。

但，另一个不争的事实乃是，报刊编辑、记者，早已不像十几年前一样，仍是足以使人欣然而就的职业了。尤其"娱记"这一职业，早已不被大学学子们看好，也早已不被他们的家长们看好。

岂止不看好而已。大实话是——已经有那么点儿令他们鄙视。

这乃因为，"娱记"们将这一原本还不至于令人嫌恶的职业，在近十年间，自行地搞到了让人有那么点儿鄙视的地步。尽管，他们和她们中，有人其实是很敬业很优秀的。但他们和她们要以自己的敬业和优秀改变"娱记"职业这一已然扭曲了的公众形象，又谈何容易。

这么一分析，中文学子们对择业的无所适从、彷徨和迷惘，真的是不无极现实之原因的……

六

"学中文有什么用？"

这乃是中文教学必须面对，也必须对学子们予以正面回答的问题。可以对"有什么用"做多种多样的回答，但不可以不回答。

我原以为这只不过是一个当代问题，后来一翻历史，发现不对了——早在20世纪20年代还是清华学校文科班学子的闻一多们，便面临过这个问题的困扰，并被嘲笑为将来注定要悔之晚矣的人。可是若无当年的一批中文才俊，哪有后来丰富多彩的新文学及文化现象供我们今人津津受用呢？

中文对于中国的意义自不待言。

中文对于具体的每一个中国人的意义，却还没有谁很好地说一说。

学历并不等于文化的资质。

没文化却几乎等于没思想的品位，情感的品位也不可能谈得上有多高。

这类没思想品位也没情感品位的中国人我已见得太多，虽然他们却很可能有着较高的学历。所以我每每面对这样的局面暗自惊诧——一个有较高学历的人谈起事情来不得要领，以其昏昏，使人昏昏。他们的文化的全部资质，也就仅仅体现在说他们的专业，或时下很流行的黄色的"段子"方面了。

一个人自幼热爱文学，并准备将来从业于与文学相关的职业无怨无悔，自然也就不必向其解释"学中文有什么用"。但目前各大学中文系的学生，绝非都是这样的学子，甚而大多数都不是……

七

那么他们怎么会成了中文学子呢？

因为——由于自己理科的成绩在竞争中处于劣势，而只能在高中分班时归入文科；由于在高考时自信不足，而明智地选择了中文，尽管此前的中文感性基础几近于白纸一张；由于高考的失利，被不情愿地调配到了中文系，这使他们感到屈辱。他们虽是文科考生，但原本报的志愿可能是英文系或"对外经济"什么的……

那么，一个事实乃是——中文系的生源的中文潜质，是极其参差不齐的。对有的学生简直可以稍加点拨而任由自修；对有的学生却只能进行中学语文般的教学。

八

不讲文学，中文系还是个什么系？

九

中文系的教学，自身值得反省处多多。长期以来，忽视实际的写作水平的提高，便是最值得反省的一点。若中文的学子读了四年中文，实际的写作水平却提高很少，那么不能不承认，这是中文教学的遗憾。不管他们将来的择业与写作有无关系，都是遗憾。

十

在全部的大学教育中，除了中文，还有哪一个科系的教学，能更直接地联系到人生？

中文系的教学，不应该仅仅是关于中文的"知识"的教学。中文教学理应是相对于人性的"鲜蜂王浆"。在对文学做有品位的赏析的同时，它还是相对于情感的教学；相对于心灵的教学；相对于人生理念范畴的教学。总而言之，既是一种能力的教学，也是一种关于人性质量的教学。

十一

所以，中文系不仅是局限于一个系的教学。它实在是应该成为一切大学之一切科系的必修学业。

中文系当然没有必要被强调到一所大学的重点科系的程度，但中文系的教学，确乎直接关系到一所大学一批批培养的究竟是些"纸板人"还是"立体人"的事情。

我愿我们未来的中国，"纸板人"少一些，再少一些；"立体人"多一些，再多一些。

我愿"纸板人"的特征不成为不良的基因传给他们的下一代。

我愿"立体人"的特征在他们的下一代身上，有良好的基因体现……

给自己的头脑几分尊重

读过《安娜·卡列尼娜》这一部名著的人，必记得开篇的两句话——"幸福的家庭是相似的，不幸的家庭各有各的不幸。"

这两句话，在中国也早已是名言了。最近我因授课要求，重新翻阅该书某些片段。掩卷沉思，开篇的这两句话，仍是全书中最令我联想多多的话。

曾有学生问我——为什么这两句话会成为名言？我的回答是——首先，《安娜·卡列尼娜》成了名著。这个前提很重要。学生又问——如果《三国演义》没有成为名著，"凡天下大事，分久必合，合久必分"就不成其为名言了吗？如果范仲淹的《岳阳楼记》没有成为名篇，"先天下之忧而忧，后天下之乐而乐"就不成其为名句了吗？……

当然，还可以举出另外许多例子。名言名句不仅出现在小说中、诗词中、歌赋中，也出现在戏剧中、电影电视中，甚至，还出现在法庭诉讼双方的答辩中，出现在演讲中的更是举不胜举……

关于《安娜·卡列尼娜》这一部小说，托尔斯泰曾写下过三十几段开篇的文字，最后才选择了"幸福的家庭是相似的，不幸的家庭各有各的不幸"这两句话。据说，倘用俄语来朗读这两句话，会有诗一般的语韵。这大概也是俄国人特别认同托尔斯泰的原因吧。

我的回答究竟使我的学生满意了没有？进而使自己满意了没有？不是这里非要交代清楚的。

我想强调的其实是这样一种思想——喜欢提问题的人一定是喜欢思考问题的人。人类倘不喜欢思考，那我们至今还都是猴子。历史上有人骂项羽"沐猴而冠"，正是恨他遇事不动脑子好好想一想。

窃以为——错误的思想是相似的，正确的思想各有各的正确。

当然，正确和错误是相对的，姑妄言之而已。

这里所说"错误的思想"，确切地说，是指种种不良的甚至邪恶的思想。比如以为损人利己天经地义；以为仗势欺人天经地义；以为不择手段达到沽名钓誉之目的天经地义，于是心安理得，皆属不良的邪恶的思想。是的，在我看来，这样的一些思想是相似的。它们的共同点乃是——夜半三更，扪心自问，有时候还是怕遭天谴的。谢天谢地，迄今为止，这样的一些思想从来不是大众思想的主流。比如"无毒不丈夫"一句话，你不能不承认它也意味着一种思想。然而真的循此思想行事的人，其实是很少很少的。何况此话原本似乎是"无度不丈夫"——果真如此，恰恰是提醒人要善于思考。

迄今为止，人类头脑中产生的大部分思想，指那类被我们大部分人所能接受的、认同的，以指导我们行为和行动的后果来判断，是对社会进步有益的那样一些思想，它们不应只是少数人头脑中产生的思想，而应是我们大多数人，甚至每一个人头脑中都会产生的思想。

我们中国人依赖别的少数人的头脑为我们提供有益的思想——实在是依赖得太久太久了。而这几乎使我们自己的头脑的思考能力变得有点儿退化了。

这意味着我们对于自己的头脑失去了尊重。

现在这个现象似乎也在全球化。有个美国学者写了一本书，叫《娱乐至死》，说的就是大家都远离思考，都进入了娱乐状态，从生下来就开始娱乐，一直娱乐到死。他认为，人类的思想和文化并非窒息于专制，而是死于娱乐。这实在是非常智慧的警世之论。窃以为——不智慧的人是相似的，智慧的人各有各的智慧。

我们需要将我们每个人对于自己的头脑的尊重意识重新树立起来。我们将会发现——正确的思想不但是人类思想的主流，正确的思想不但各有各的正确，而且也经常形成于我们自己的头脑之中。

给自己的头脑几分尊重——于是，我们不仅仅只是思想的被动的接受者，也能是思想的主动的提供者了。

给自己的头脑几分尊重——于是，我们明白了这样一个道理——别人的头脑里产生的别种的思想，只要不是邪恶的，也是必须予以尊重的。

给自己的头脑几分尊重——于是，我们明白这样一个道理——即使我们确信自己头脑里产生的思想是正确的，睿智的，即使别人也这样公认，那也只不过是关于世相，甚至是关于一件事情的许多种正确的、睿智的思想之一而已。

给自己的头脑几分尊重——非但不能使我们因而变得狂妄自大，恰恰相反，将使我们变得更加谦逊和更加温良，因为我们的头脑里会产生出对我们的修养有要求的思想。

给自己的头脑几分尊重——将使我们在对待人生、事业、名利、时尚、爱情、亲情、友情等方面，不再一味只听前人和别人怎么阐释、怎么宣讲，而也有自己的独立的见解了。

我们难道不是都清楚这样一种关于世事的真相吗？——别人用别人的思想企图说服我们往往是不那么容易的；只有自己说服了自己，自己才是某种思想的信奉者。

这世界上没有不长叶子的根和茎。

我们的头脑乃是我们作为人的"根"，我们认识世界的愿望乃是我们作为人的"茎"。

我们既有"根"亦有"茎"，那我们为什么不让它长出思想的叶子来呢？

给自己的头脑几分尊重——我们因而发现，不但人类的社会，连整个世界都需要我们这样；我们因而感受到，不但人类的社会，连整个世界都少了某些荒诞性，多了几分合理性。

给自己的头脑几分尊重——我们因而发现，娱乐使我们同而不和，思考使我们和而不同。

给自己的头脑几分尊重——我们将会发现，思考的过程、产生思想的过程，是一个非常快乐的过程。这种快乐是其他快乐所无从取代的。

给自己的头脑几分尊重——我们将因而活得更像个人，更愉快，更自然……

电影是一个国家的明信片

——一堂关于电影欣赏课的讲稿

诸位：

巴尔扎克曾言：小说是一个民族的秘史。任何比喻都是有缺陷的。但是这一点不应妨碍我们接受那些较为恰当的比喻。

而我对电影的比喻乃是——它如同一个国家的声像的明信片，以商品出口的方式，将一个国家的过去、现在甚至将来的资料，文娱性地展示给世界。

像文学一样，人类的历史已有多么悠久，电影的触角就已经回探到了多么悠久。现在，它的触角竟然回探到了人类在地球上出现之前。三维动画片《恐龙世界》形象而又逼真地做到了这一点，而此前全世界并无一部同样内容的小说。文学已有千余年历史，电影的历史只不过才百年。谁都不得不承认，电影在反映历史方面，具有比文学或其他艺术更敏捷的能动性。可以这样形容，那是一种"快速反映"式的人类文娱现象。

人类的文学现象，基本上体现为一种顺应历史时期的现象。文学的历史品质，也基本上是一种记录现象。

而电影则不同，电影与它以前的历史的关系，不可能不是"时光倒流"的关系。电影在"时光隧道"之中，几乎畅行无阻。尽管，它所重现的历史，往往被极大程度地娱乐化了，被游戏了。但我们这里，先仅谈它的"文娱"化之"文"的方面，亦即具有超娱乐的那一种文化意义。同时我也认为，不重视电影之超娱乐的意义来看待电影，不应是大学中文系学子的电影观。大学中文系之学子对电影的认知水平，理当高于一般电影观众。

在重现历史真相、探究历史事件发生的过程（大到人类进化过程，小到一个历史人物之死）中，文学做得多么好，电影就差不多做到了那么好。而文学不能留给人的可见印象，电影却可见性地留给了人。一部电影也许不能告诉人们一部历史书那么多、那么细，这是电影的短处。但电影可以使文字形象化，而这也是电影（当然也是声像技术）无与伦比的长处。

电影是人类复制和重现历史的好途径。尽管这一种复制和重视，比之于真的历史，难免会掺杂了人为戏剧化的成分，使之与严格的历史，亦即正统史书的权威性有一定的差别；但也正是那些戏剧化的成分，吸引了人们对于历史的兴趣。而更多的人对历史发生了兴趣，更多的人才会思考历史。包括那些不识字因而不能从书本上知道历史的人。而对历史的思考多一点，对现实的困惑才会少一点。因为它可能直接就是人的一种工作。

一部历史性的书籍，往往是超功利的，往往意味着一种脑力劳动的奉献。它的功利，往往是后来现象。一部文学作品，往往也可能是这样，因为它往往只意味着作家表达的意愿。

在百花奖颁奖活动上留影

相比而言，电影是特别商业化的文娱现象。因为电影不可能是一个人完成的事情，它是诸多艺术业界从业者通力合作的结果。它需要较大甚至巨大的资金投入。而除了国家行为，世界上肯于承担经济亏损的严重后果而拍电影的人，是极少的。此点就决定了电影先天的商业属性。

也正因为这样，实际上我们迄今并没看到，有任何一个国家复制了一部特别完整的、电影式的历史。但几乎每一个国家，都拍摄过不少反映它多个时期的历史事件和历史人物的电影。将这些电影组合在一起，或能跳跃式地反映某一国家从历史走向现在的粗略过程。

故也可以说，电影是一个国家的"老照片"册。

电影对于一个国家的现实的反映，其能动性也是绝不逊于文学的。

在这里，"现实"二字，首先是一个相对的时间概念，一般指当下时代。一个时代以十年计，那么严格的现实题材，无论对中国还是外国，应指二千年至二零一零年之间的电影题材。注意，我们这里说的是题材，即内容的时间背景。其次，是指风格。我们都知道，现实主义是一种创作风格。我们这里谈的，是指以现实主义的风格反映现实生活的电影。各个国家的多个时代，都有现实题材的经典电影。已经成为过去时现象的这一类电影，我们叫它九十年代的现实题材电影、八十年代的现实题材电影、七十年代的、六十年代的，等等。一般而言，四十年以前之内容的，我们又该叫它准历史电影了，比如《芙蓉镇》、《天云山传奇》、《巴山夜雨》，既然"文革"已成历史，那么它们当然是准历史题材的电影——距现时代不太悠久的一种历史。当然，这些分法是相对的。

可以这样说，现实题材的电影像现实题材的文学一样，对于现实具有无孔不入的反应的敏感、兴趣和能动性。像镜子有时又像放大镜，甚至像显微镜，还有时像多棱镜或哈哈镜。当传统的现实主义被电影编导们认为不足以承载他们对现实的表现欲时，于是便自然而然地产生了荒诞现实主义、黑色现实主义、心理现实主义、魔幻现实主义、病态现实主义、意识流现实主义、生活流现实主义等现实主义的"异种"。电影运用这么多的现实主义方式反映现实，而且曾争先恐后地反映现实，那么现实社会中居然还没被电影反映过的边角，确乎不多了。电影却仍在瞪大着它的睽注之眼扫瞄现实，时刻准备有所动作。

当然，我们这里谈的主要是外国电影。

谁都难以否认，中国电影的现实主义之能动空间是极有限的。

中国电影很"中国特色"，另当别论。

近十年来，美国生产了一大批超现实题材的电影。

美国的历史在世界诸国中差不多是最短的。

美国本身没有太多的历史题材可供电影来进行炮制。

美国电影的长项是现实题材和超现实题材。两者之间，后一种电影是美国的最长项电影。

美国超现实题材电影十之七八乃是具有科幻和异怪色彩的商业大片。它在这方面的制作实力每每使别国望洋兴叹。

但是中国电影界显然对美国大片缺乏分析，因而陷入了认识误区。

在美国，普适的人文元素一向被认为是商业大片必须承载的元素，诸如英雄主义、牺牲精神、拯救使命、正义、崇高、见义勇为、舍己为人等等。

没有此类元素，所谓商业大片，就几乎等于是高级的声像杂耍。

可以不深刻，但是不可以不郑重。

美国大片编导们深谙此理。

他们不但在力图吸引观众眼球方面深谙此理，在弘扬人类正面价值观方面也一向毫不含糊。

没有一位美国大片导演，甘愿被视为只不过是一个高级的声像杂耍人。

而在中国，情况却分明反了过来。

我们很难从非国家行为的大片中看到对人类正面价值观念的自信的表现，倒是对阴谋诡计的着力构思似乎来得更加自信和如鱼得水。

也许，我们的大片编导们，根本就不信人类有什么正面的稳定的价值观念吧！

果真如此，中国大片除了能夸耀其宣传造势和商业利润，还能有另外的什么良好感觉吗？

以上个人看法，不一定对，甚而也许偏颇。无非是抛砖引玉，启发同学们即使在看一部娱乐电影时，头脑之中也要想点问题。

责任编辑：姚劲华　许　挺

装帧设计：九　五

图书在版编目（CIP）数据

梁晓声人生感悟：我最初的故乡是书籍 / 梁晓声 著. —北京：人民出版社，2015.10

ISBN 978-7-01-015257-8

Ⅰ.①梁…　Ⅱ.①梁…　Ⅲ.①人生哲学—通俗读物　Ⅳ.①B821-49

中国版本图书馆CIP数据核字(2015)第224174号

梁晓声人生感悟——我最初的故乡是书籍

LIANG XIAOSHENG RENSHENG GANWU——WO ZUICHU DE GUXIANG SHI SHUJI

梁晓声　著

人 民 出 版 社 出版发行

(100706 北京市东城区隆福寺街99号)

环球印刷（北京）有限公司印刷　新华书店经销

2015年10月第1版　2015年10月北京第1次印刷

开本：787毫米×1092毫米　1/16

印张：15.5　字数：243千字

ISBN 978-7-01-015257-8　定价：42.00元

邮购地址 100706　北京市东城区隆福寺街99号

人民东方图书销售中心　电话（010）65250042　65289539